普通高等教育
艺术类“十二五”规划教材

KETCHING LIFE

The beauty of extremely conciseness

产品设计手绘与思维表达案例教程

王艳群　张丙辰　主编
徐　平　刘宗明　郑先觉　副主编

人 民 邮 电 出 版 社
北　京

图书在版编目（CIP）数据

产品设计手绘与思维表达案例教程 / 王艳群，张丙辰主编. -- 北京 : 人民邮电出版社，2015.2（2023.7重印）
普通高等教育艺术类“十二五”规划教材
ISBN 978-7-115-38030-2

Ⅰ. ①产… Ⅱ. ①王… ②张… Ⅲ. ①产品设计—绘画技法—高等学校—教材 Ⅳ. ①TB472

中国版本图书馆CIP数据核字(2015)第013450号

内 容 提 要

本书结合设计草图、线条造型、色彩体感和二维、三维软件效果图的产品设计案例，展示了创意的设计理念、技巧和色彩表现，以及手绘设计图在创意过程中的地位和用途。简而言之，就是将手绘教学与实际产品设计相结合，让读者在设计中学习手绘。

◆ 主　　编　王艳群　张丙辰
副 主 编　徐　平　刘宗明　郑先觉
责任编辑　邹文波
责任印制　沈　蓉　彭志环
◆ 人民邮电出版社出版发行　北京市丰台区成寿寺路 11 号
邮编　100164　电子邮件　315@ptpress.com.cn
网址　http://www.ptpress.com.cn
北京宝隆世纪印刷有限公司印刷
◆ 开本：787×1092　1/16
印张：12.25　　2015 年 2 月第 1 版
字数：226 千字　　2023 年 7 月北京第 4 次印刷

定价：65.00 元

读者服务热线：(010)81055256　印装质量热线：(010)81055316
反盗版热线：(010)81055315

前言

手绘是艺术创作的基点。艺术源于生活，对于生活的美好描绘是从手绘开始的。手绘可以将设计师头脑中的灵感通过流畅的线条跃然纸上。手绘不仅仅是一种技能，更是一种思维方式。手绘草图是一种速记式的思维外化的过程。我们经常会忽视手绘草图与最后作品之间的联系，但是手绘草图是记录和捕捉瞬间即逝的灵感的最好方式。手绘的过程就是设计师思考整个设计流程展现的过程，它通常会涵盖最终作品中的所有细节和元素，甚至包含产品最后成型的技术方面的因素。

计算机建模让学生直接进入设计表达的第二步：执行。但是有太多的学生对于第一步还没有充分的准备，即手绘草图。因为任何一个复杂曲面的线条都是从纸上开始的，手绘草图表达会贯穿设计的整个过程。画草图比起在计算机上进行创作更加自由和高效，同时可以使你方便地在纸上浏览自己的构想。

本书秉承“从临摹，到超越，到创新”的理念，将手绘在产品整个设计思维过程中的不同表现形式分阶段地用图形阐述。全书选取了日常生活中常见的七种产品，并分别从思维导图、构思草图、分析草图、结构与细节研究草图、二维效果图、三维数据模型、模型渲染场景图等几个方面用图文搭配的方式进行展示。希望通过这样的实例介绍方式，让初学者或设计爱好者更加明确手绘对设计思维表达的作用。

手绘是伴随设计师一生的工作，画草图就像去健身房锻炼：坚持不懈地努力才会有成效。所以不管你的手绘技法多么的高超，也请保证一定的时间和精力的投入，因为这是练好手绘的保障。

在本书脱稿之际，我要感谢徐海豪、陈兰、李颖、尹金、郭利杰、李浩东、陈玉勤几位同学在本书编写过程中做出的大力配合，他们不仅提供了产品设计手绘作品，还不辞辛苦地加入到本书的整理与图文编排过程中。

由于作者的水平有限，本书难免有疏漏之处，敬请读者批评指正！

王艳群　2015 年春

平心静气地绘画 才能很好地表达你的创意

PingXin JingQi De HuiHua CaiNeng HenHao De BiaoDa NiDe ChuangYi

CONTENTS 目录

第一部分　设计表达概述

本书主要讲述与设计流程相关的各种设计图形的表达，以及这些设计图在设计流程中的作用。在设计进程的不同阶段，对设计图形的展示要求也是不同的，有时是要将头脑中的构思快速地描绘在纸面上，有时需要将图画设计得极具吸引力和说服力，有时又需要将产品表现得非常精细。不论哪一种形式的手绘图形，都是为后期的设计创作服务的。这一部分主要介绍设计表达的重点以及在设计流程中会用到的表现图形的种类。

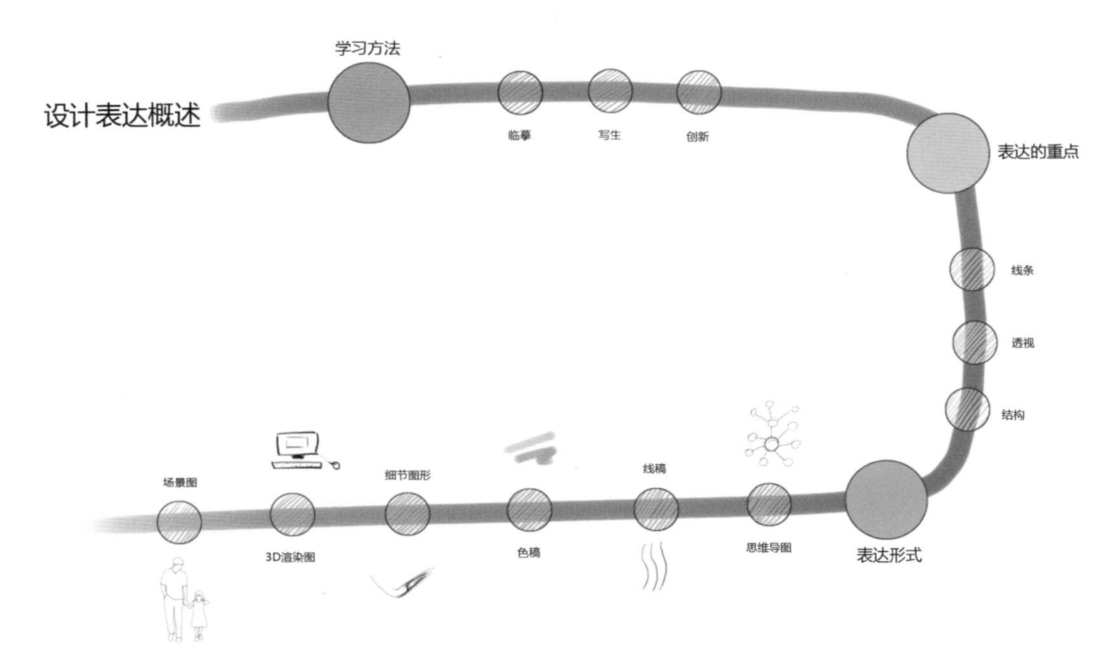

第一章　设计表达的学习方法

学生在学习产品设计表达时要遵循由易到难的过程。开始的时候可以去做大量的临摹练习，来体会和记忆产品手绘的一般表现方法；第二个阶段可以写生产品实图，通过对产品实图的分析、概括，加强对工业产品的认识；第三个阶段是创新形态的发散，通过这个阶段的训练，可以将头脑中的设计思维用图形的方式展现出来。

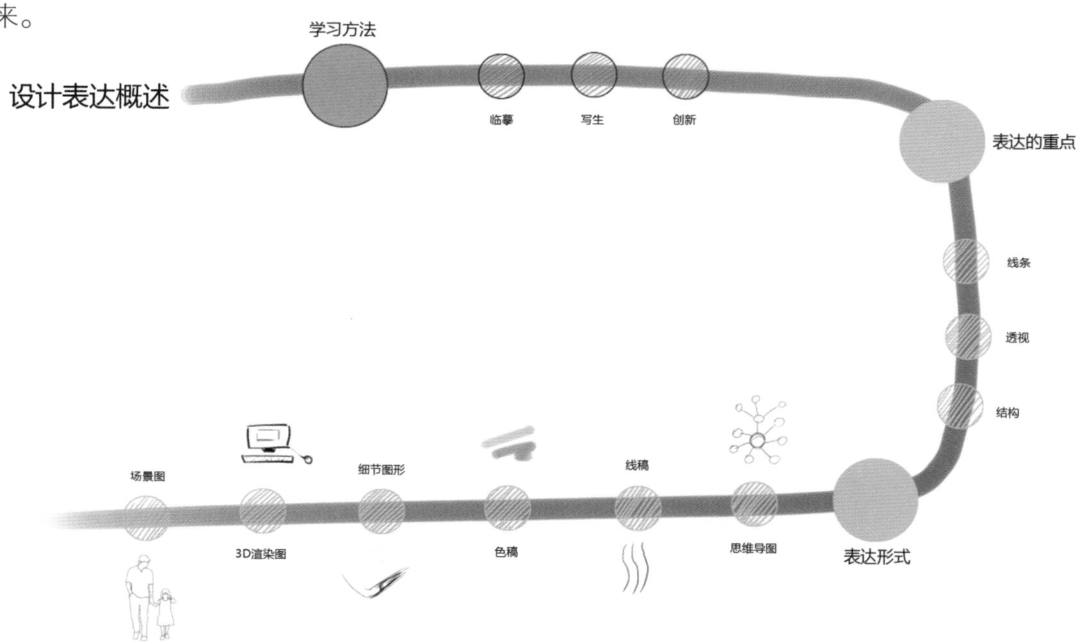

1. 临摹手绘图形

学习手绘的第一步就是先临摹别人的作品，这是一种最直接和有效的学习方法。临摹的过程其实是一个认知思维建立的过程，让我们在临摹中学习线条的意义和奥妙，从而在脑海中建立一种用二维线条表达三维产品的概念。

通过临摹，我们可以学习怎样用线条表达产品的外轮廓、结构和细节，以及在二维的纸面上呈现具有空间感的产品实体。其实这就是用线条和色彩表达产品的体量感。

正是经过大量的临摹，我们才会在脑海里建立一种形体的概念。当我们不知道如何去表现一个面或者一个结构时，通过查看临摹的作品可以给我们一些有效的启示。当这种记忆积累多了，我们便可以去自由地表现产品实体，甚至将我们的设计思维灵活地展现出来。

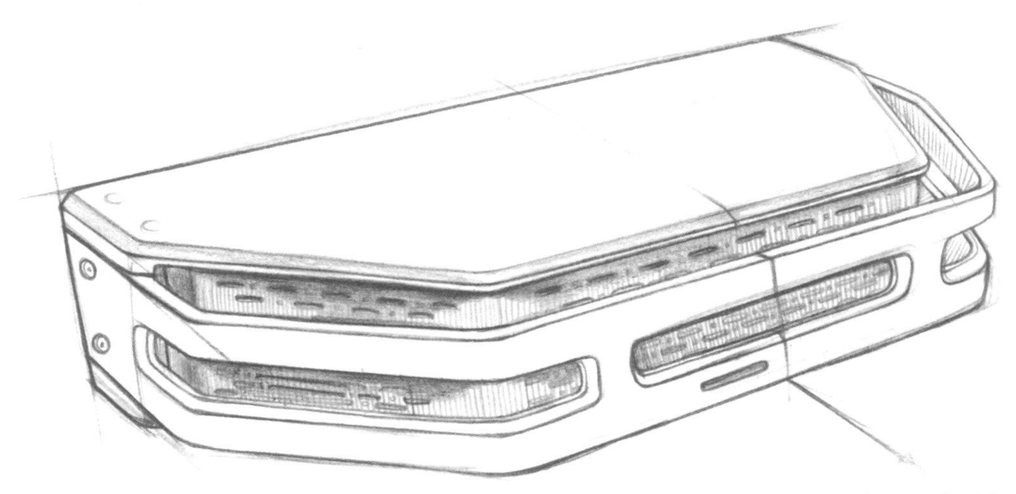

Designer: Guo Lijie
Times: 2014-3

2. 写生产品实图

对于实际产品，初学者不知如何提炼线条和进行色彩表达。这的确需要一个很长的训练过程。在这个过程中，训练的重点不是怎样把眼睛看到的线条画出来，而是要训练眼睛需要看到什么，也就是通常所说的对图形的概括能力。此时我们需要忽略产品本身的一些细节，而去抓住产品大体的和主要的形体及转折关系；或者需要将产品本身很复杂的结构细节用高度概括的形体进行表现。例如，毕加索对于“牛”形象地归纳与提取。

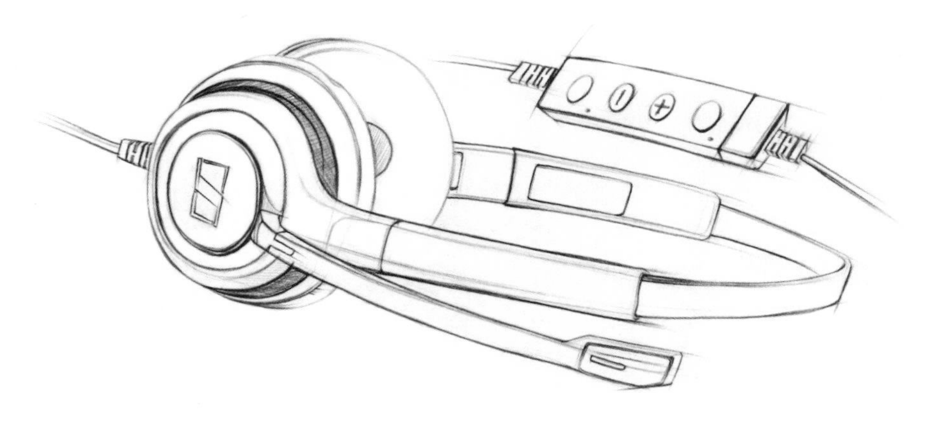

Designer: Zhou Xueqing
Times: 2014-8

3. 创新形态发散

创作总是要时刻保持灵活开放的思维。在这一阶段，不要否定任何方案，而是要把头脑中的想法全部画在纸上，最重要的就是产生大量的创意图形，并不断地进行变形发散，最后再将其总结成一个系列。这一阶段还包括在全部创意中做出选择，这些潜在的优秀创意日后可能会发展成为真正的设计方案。

很多设计师喜欢把创意画在一个草图本中，在最初创意的基础上衍生出新的草图，在继续推敲的基础上又会发散出更多的创意概念。这样的一个草图本就像设计师的视觉创意的回忆录，集合了所有概念发想的变化过程。我们不需要对草图做任何评价，这样才会保持我们思维的状态是开放的，稍后再对这些草图和创意进行评价。

这些图例告诉我们，在创作的开始我们应该积累更多的素材和图像意识，以便日后使用。在这个案例中，设计创意是以人的肢体与产品接触的关系为关键点来进行的。

我们通过头脑风暴以后，收集大量人的手掌抓握的动作可能，从中选择“最有趣”的动作，然后开始由结构入手调整造型。设计创意来源于思维的联想，这也是可以在短时间内创作出大量剃须刀草图的原因。

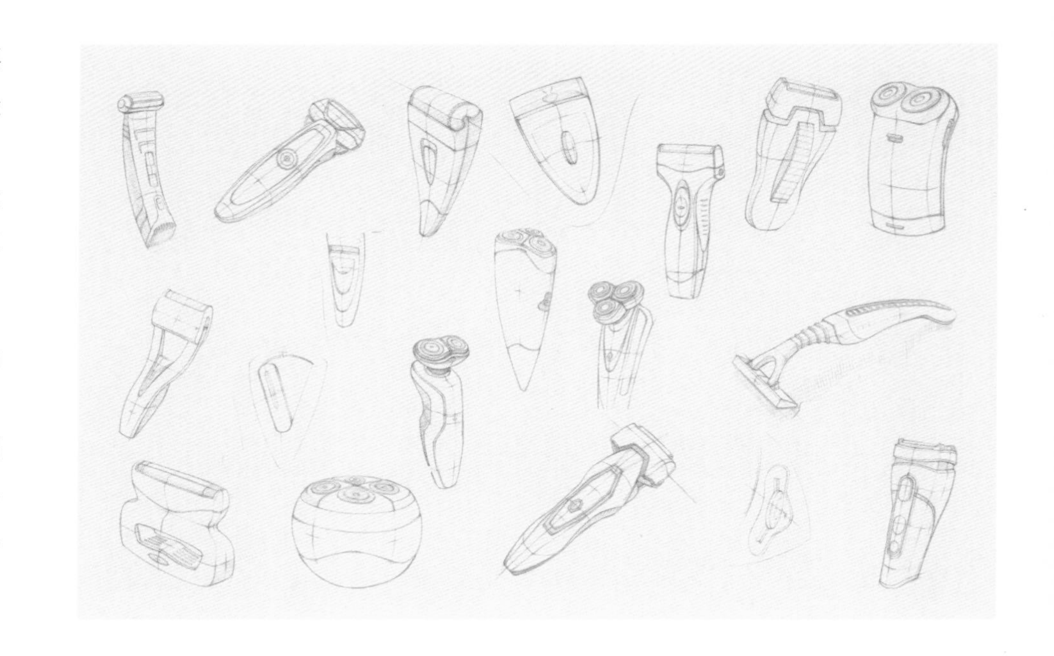

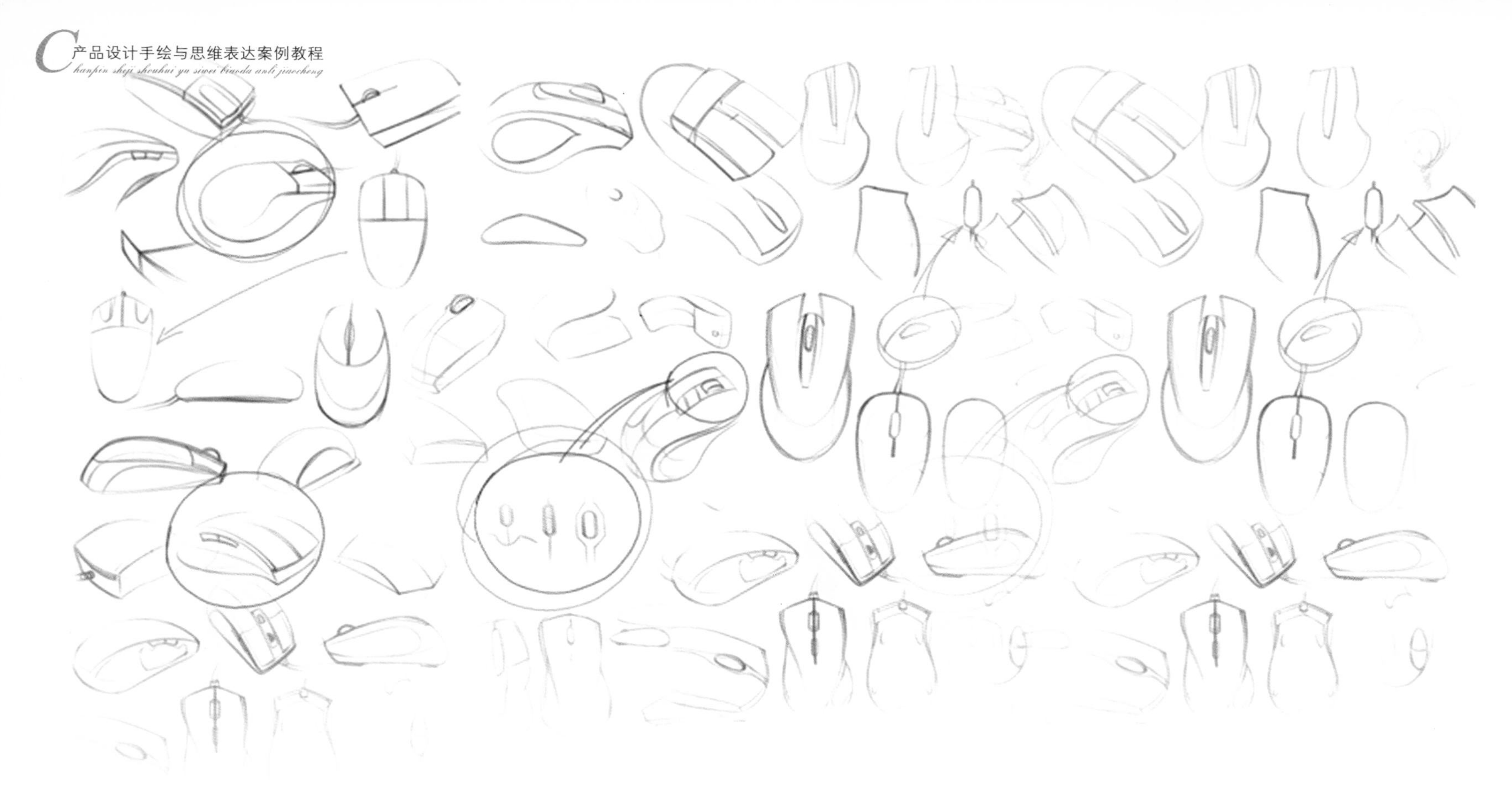

“……精确完美地运用绘画技巧并不是最主要的，轻松自在地绘图才更重要。坚持这样绘图，你将会拥有独特的风格……”

——詹尼·奥尔西尼（Gianni Orsini）

设计师如何用设计手绘来很好地表达自己的设计思路是学习手绘的根本目的，但是初学者往往停留在临摹和对已有产品的手绘表达层面，在用草图表现自己的设计思路时却难以达到临摹时的水平。这个问题与其说是技能问题，不如说是观念问题。很多时候只是我们急于表达自己的思维，而忽略了形式的问题。我们脑海中时刻需要有一种意识：一切都从轻松流畅的线条开始……

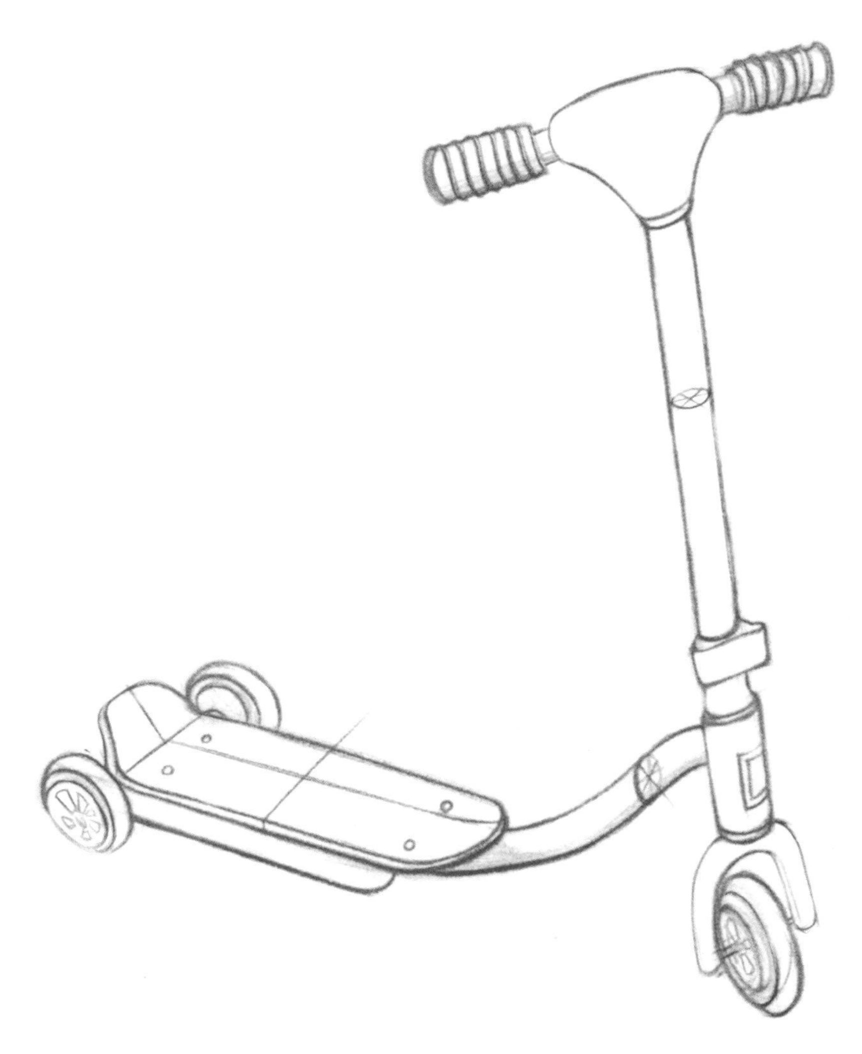

Scooter
Designer: Song Ting
Time: 2014-6

4. 训练方法

要想快速掌握产品手绘的方法，首先需要画一些自己熟悉的产品，例如画一个你记忆中的儿童滑板车。当我们拿起笔开始绘画的时候才会意识到有很多平时没有关注过的问题：手扶支杆与脚踏板是怎样连接的？同时手扶支杆又是靠什么结构来灵活旋转的？轮子又是怎样与车体固定并通过什么结构运转的？这都需要重新去观察、认识产品。

这种训练方法，可以让我们在练习手绘时以研究产品为根本，而不是单纯地进行手绘表达，也会培养我们养成平时多观察、多积累的好习惯。

第二章　设计表达的重点

1. 线条

线条在手绘图形中是给我们第一视觉感受的东西。对线条的掌握程度及熟练运用的程度将会影响一幅手绘图形的整体效果，有时线条还会影响我们对于一个设计概念的看法。其实是线条的生涩阻碍了我们对于设计概念的理解，所以我们要尽量绘制轻松、流畅的线条。

线条的训练主要有直线、弧线、自由曲线、圆形的训练。每种线条根据在画面中呈现的效果会有不同的训练方法，需要逐步进行训练。线条的练习也是一项持之以恒的工作，需要长期不间断的练习。

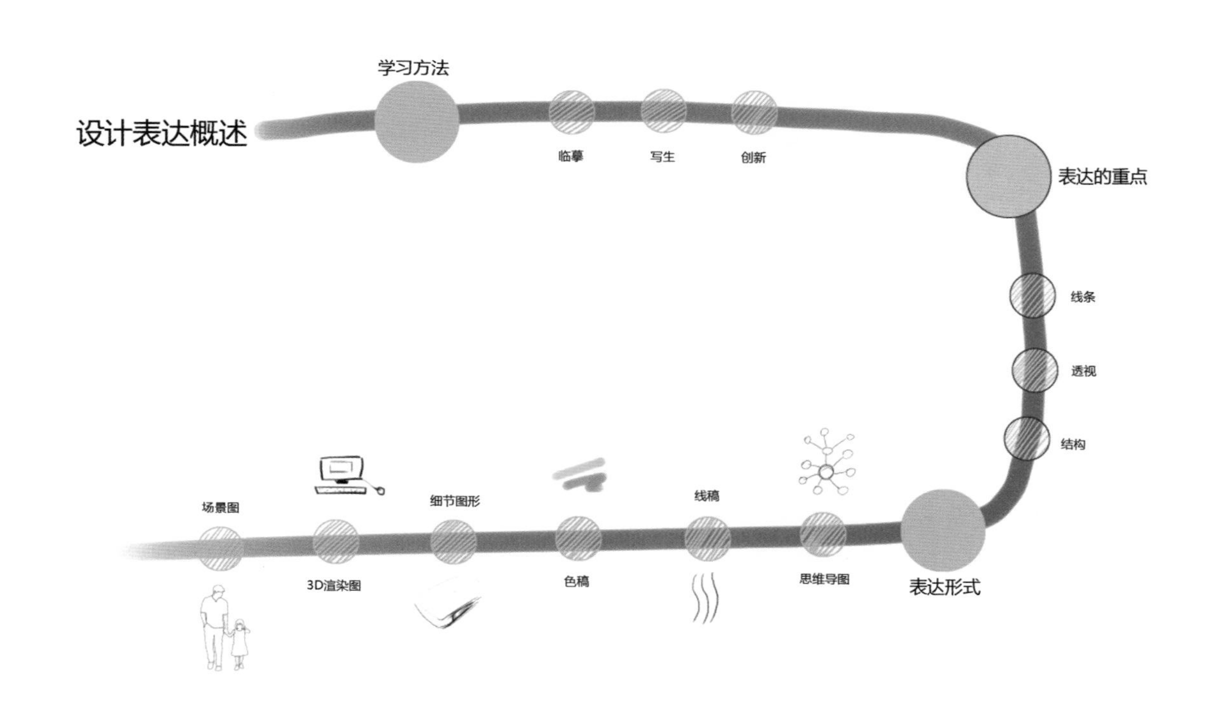

（1）直线

直线在手绘表达中会有大量的运用，在画法表现上有渐入渐出式的，即两端虚中间实的表现方式；有一端实一端虚的表现方式；还有两端都实的线段。这几种直线的画法在产品身上会有不同的运用，要反复进行练习。同时，要变换直线的方向，以便从多角度训练画直线的手感。

直线的表现效果要有力量感，线条要笔挺，一根线条的宽度要一致，线条的颜色要均匀，不能忽深忽浅，否则会影响视觉效果。

在练习的时候要尽量画平行线，并保持相等的间距。存在产品表面的直线会有长短不同，所以我们在练习的时候也要长短线结合起来练习。尤其对于短线条，可以采用两端约束的方式，在中间排布平行线，这样的训练会提高我们对线条的控制能力。

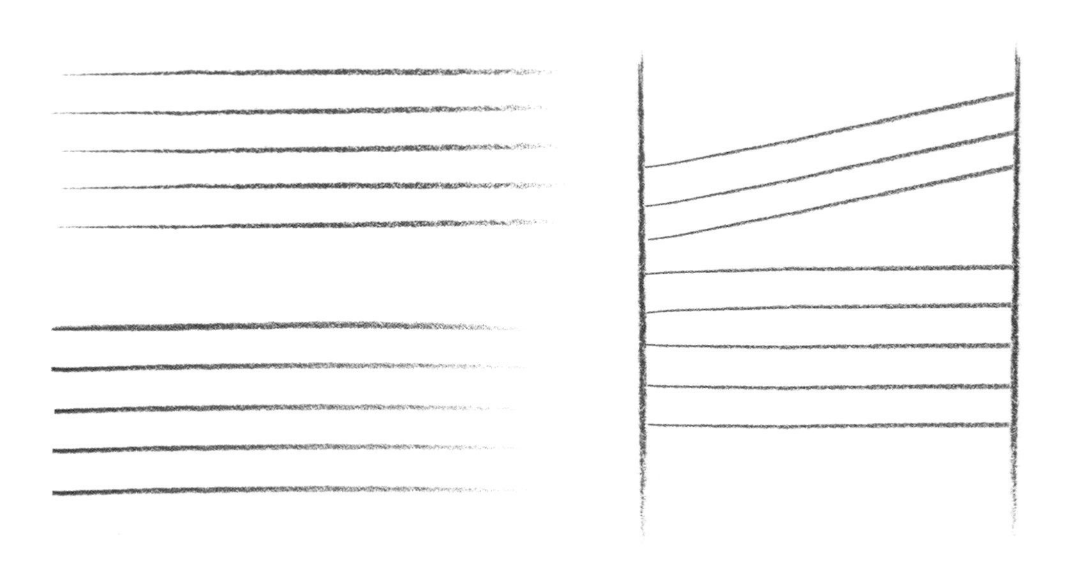

（2）弧线

产品身上除了有直线的运用，更多时候会用弧形来表现具有张力的表面，例如冰箱、空调的前面板设计，甚至在汽车车身上我们找不到一根笔直的直线。

所以对于手绘表达，弧线的训练也是非常重要的。初学者会发现弧线的练习会比直线要轻松一些，此时我们需要重点训练不同弧度的线形，例如通过改变弧度的大小、弧线的长短来使我们的手腕更加灵活。

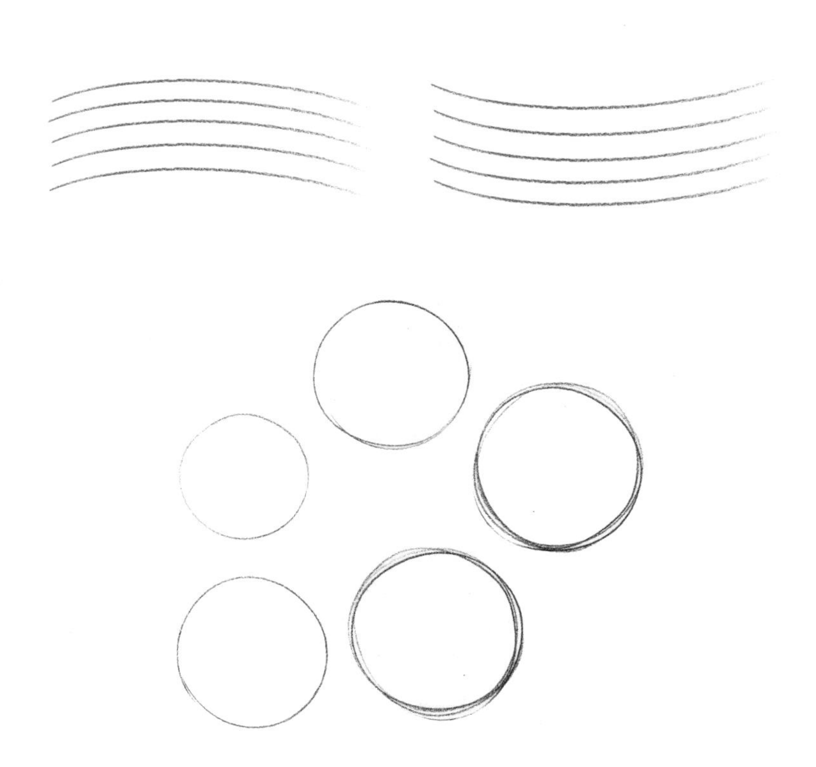

（3）圆形

圆在手绘表达时运用得也比较多，一般表现为产品中的按键，或者圆柱形的部件。圆的绘画相对比较难以把握，刚开始练习时可以反复画同一个圆，尽量保持在一条轨迹中绘画。其实，绘画的效果很多时候跟心态有关。画圆的时候首先要放松心情，开始的时候可以稍快一些，运用手臂的惯性，慢慢地熟悉以后，可以放缓速度，运用气息，这样画出的圆是可以被自己控制的。

圆形的表现效果要具有张力，每个圆都要给人一种滚动起来的感觉。

在具有透视效果的产品中，圆形产品造型更多地表现为椭圆形，当把圆形练习得较为熟练以后椭圆是很容易画好的。

（4）自由曲线

曲线设计语言主要应用在流线型产品、过渡曲面上。

对于曲线的练习，我们可以根据自己手边现有产品的曲面关系，提取相应的曲线进行单独训练。例如，我们可以从鼠标身上提炼出一根曲线进行反复的绘画，寻找手感，直到慢慢地可以熟练绘制各种曲度的自由曲线。

曲线的绘制效果表现为有弹性、有张力，具有流畅性。在绘画之前可以先在纸面上方运一下笔，然后再落笔绘画。

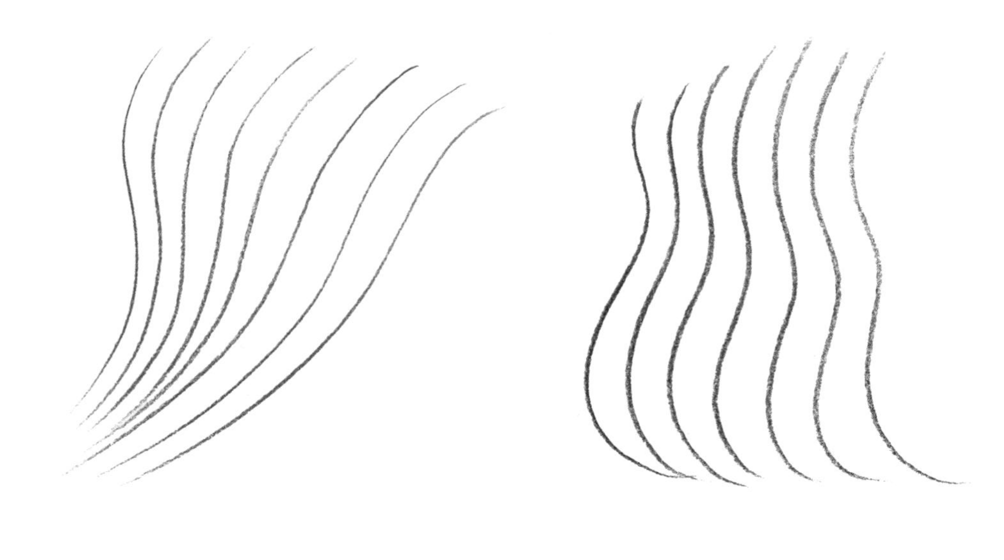

2. 透视

为了手绘表达具有透视效果的产品，我们就一定要掌握基本的透视规则。同一个产品，可以通过不同的透视方式而使其呈现出不同的视觉感受。例如，有的透视角度可以使物体看起来精致小巧；有的则使物体看起来庞大而又夸张。

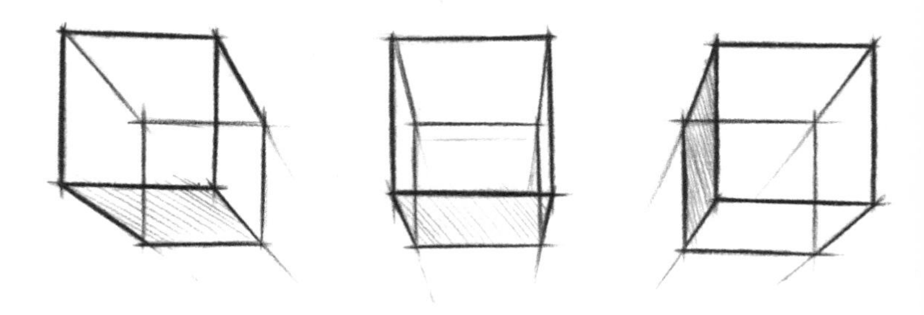

透视实际上是用二维的线表现三维的产品，是人从不同的角度、距离观看物体时的基本视觉变化规律。它所包含的主要视觉现象是近大远小。在产品绘制中，我们经常会用到的透视有一点透视（平行透视）和两点透视（成角透视）。

（1）一点透视

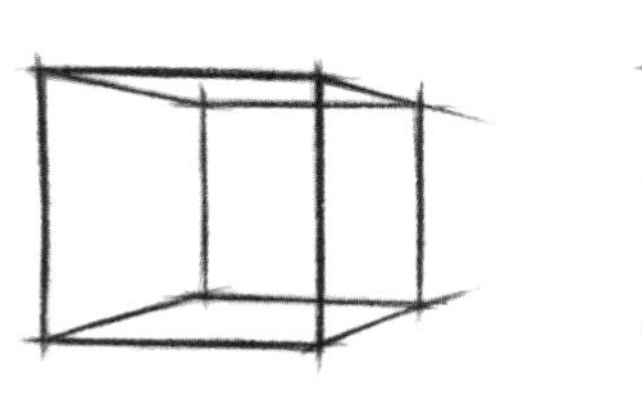

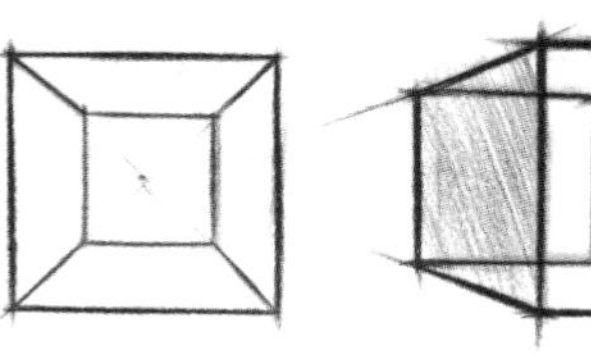

一点透视也称为平行透视，表现物体的正立面和画面平行时的透视方法。由于正立面为比例绘制，没有透视变化，适合表现一些主特征面和功能面均设置在正立面的产品，如电视机、仪表等。

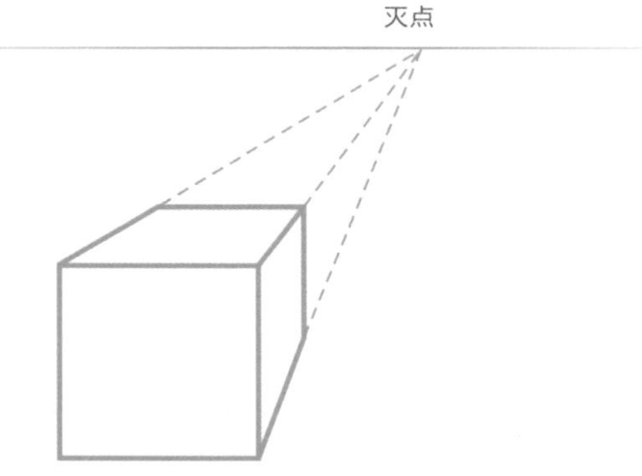

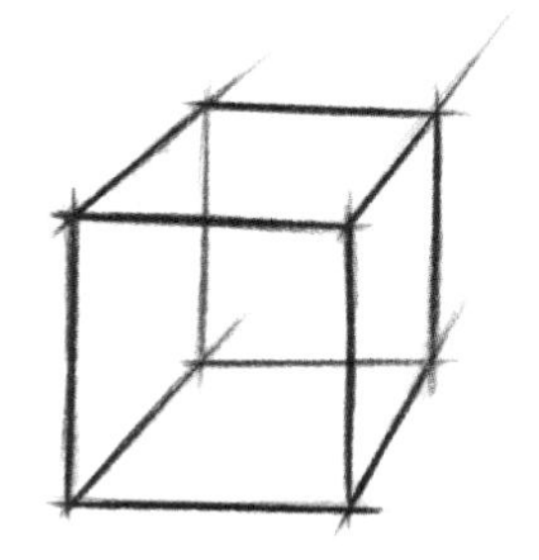

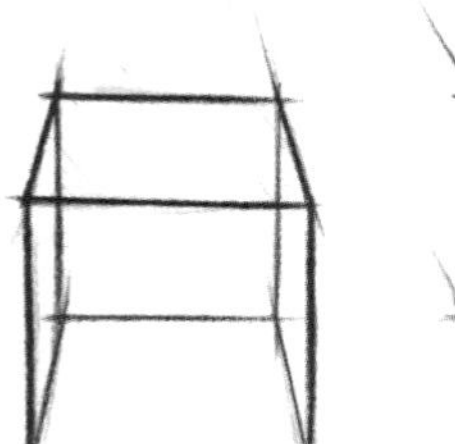

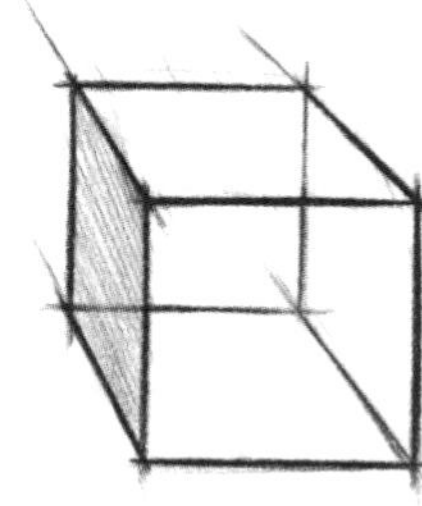

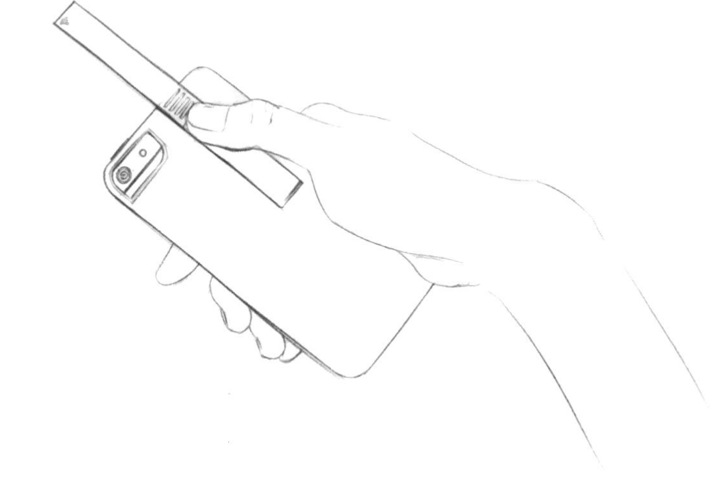

一点透视的应用——手机设计

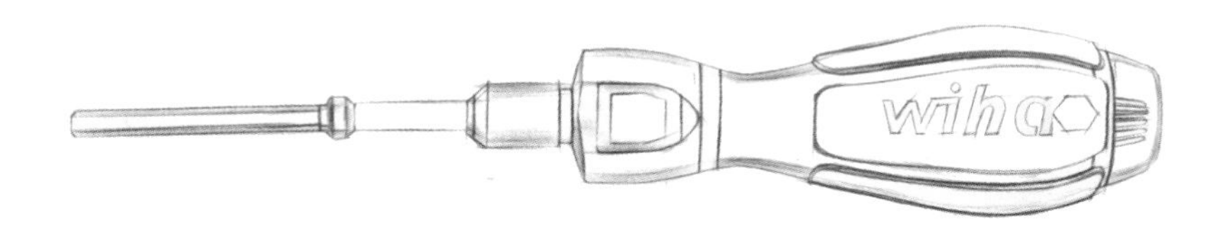

一点透视的应用——起子设计

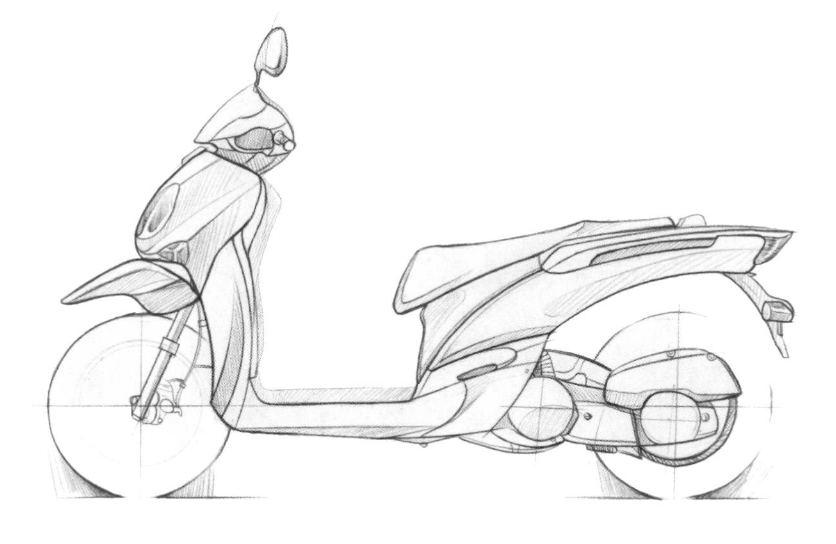

一点透视的应用——摩托车设计

一点透视的应用——摩托车头盔设计

Designer: Song Xiacheng
Time: 2014-6

（2）两点透视

两点透视又叫作成角透视，是指观察者从一个倾斜的角度来观看目标物体，此时会看到物体上的水平方向的棱线会消失在水平线上的两个不同的点。

立方体在两点透视图中的垂直线相互平行，而且与水平线垂直（穿过图的水平线指的是视平线）。在实际物体中平行的水平线在草图中不平行，但在水平线上汇聚为一个特定的“灭点”，这些灭点是设计师随意加的。为了更好地理解灭点效果，我们可以多样地变换灭点的位置画物体。两个灭点放得太近了将导致一个扭曲变形的透视。为了避免这种情况，保证物体前面垂直的角（红色标出），在两个灭点之间建立一个基本角度。这个角度应超过 90° 。通常在产品透视表现中最常见的是采用两点透视。

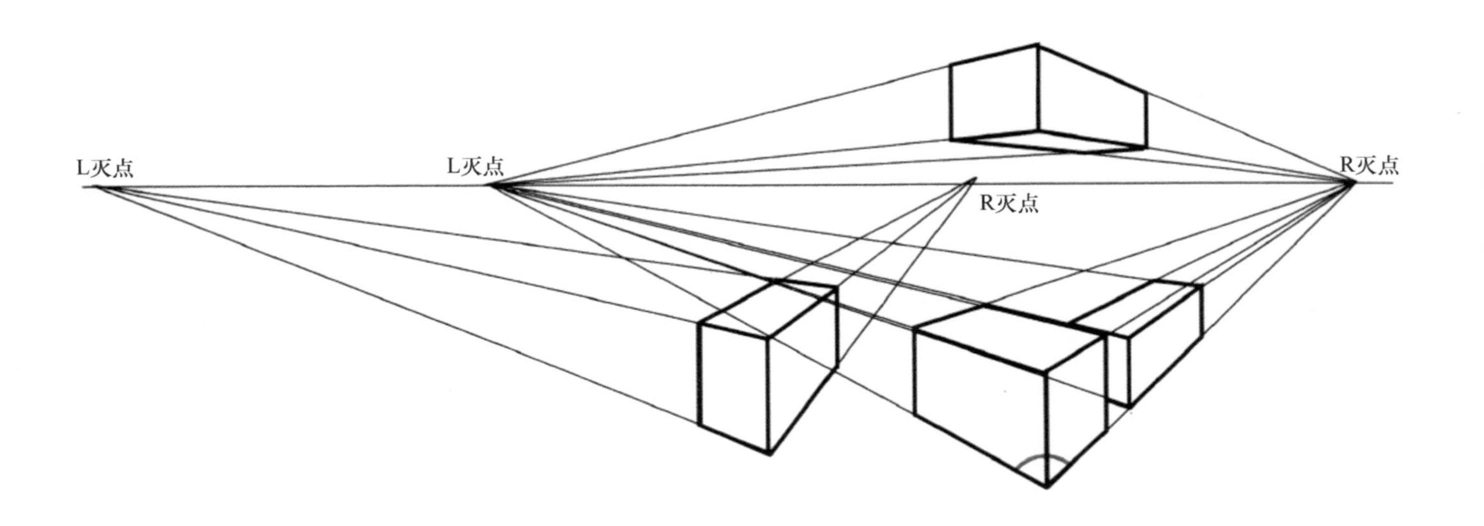

两点透视的练习方法可以逐步进行，开始时可以借助一定的辅助线画两点透视的正方体。先画出水平线，在水平线的两端确定两个灭点，然后分别从目标点引出辅助线到左右两端的灭点，逐步建立最终的立方体。

对于立方体的位置可以自由灵活地摆放，也可以按照一定的渐变次序排列。这种有秩序的排列便于观察到透视的一些规律。手绘不只是练习手头功夫，更重要的是培养独立思索的能力。初学者要多观察、多思考、多总结，慢慢建立自己对透视的理解，在后期的产品手绘过程中才会有正确的透视关系。

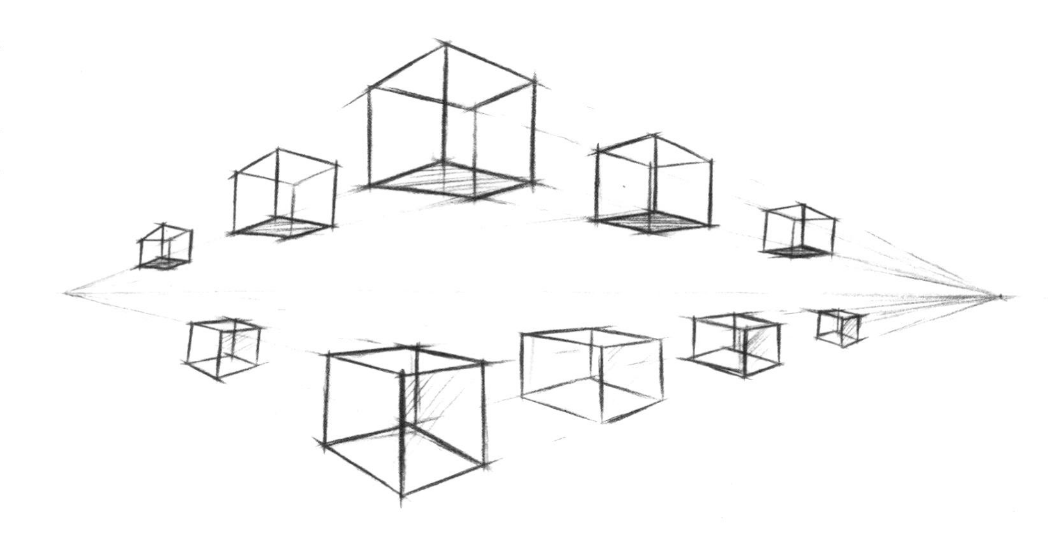

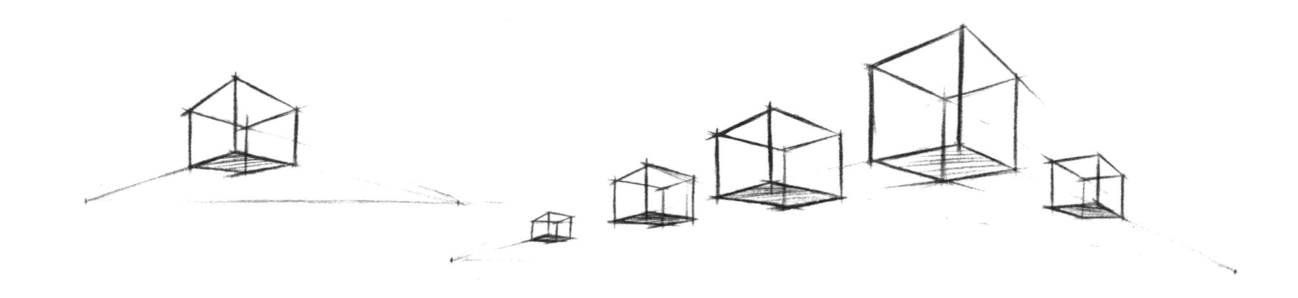

对两点透视比较熟悉以后，再作画时可以不用借助辅助线。画面中的水平线和两个灭点只是作为手绘时的一个参考。

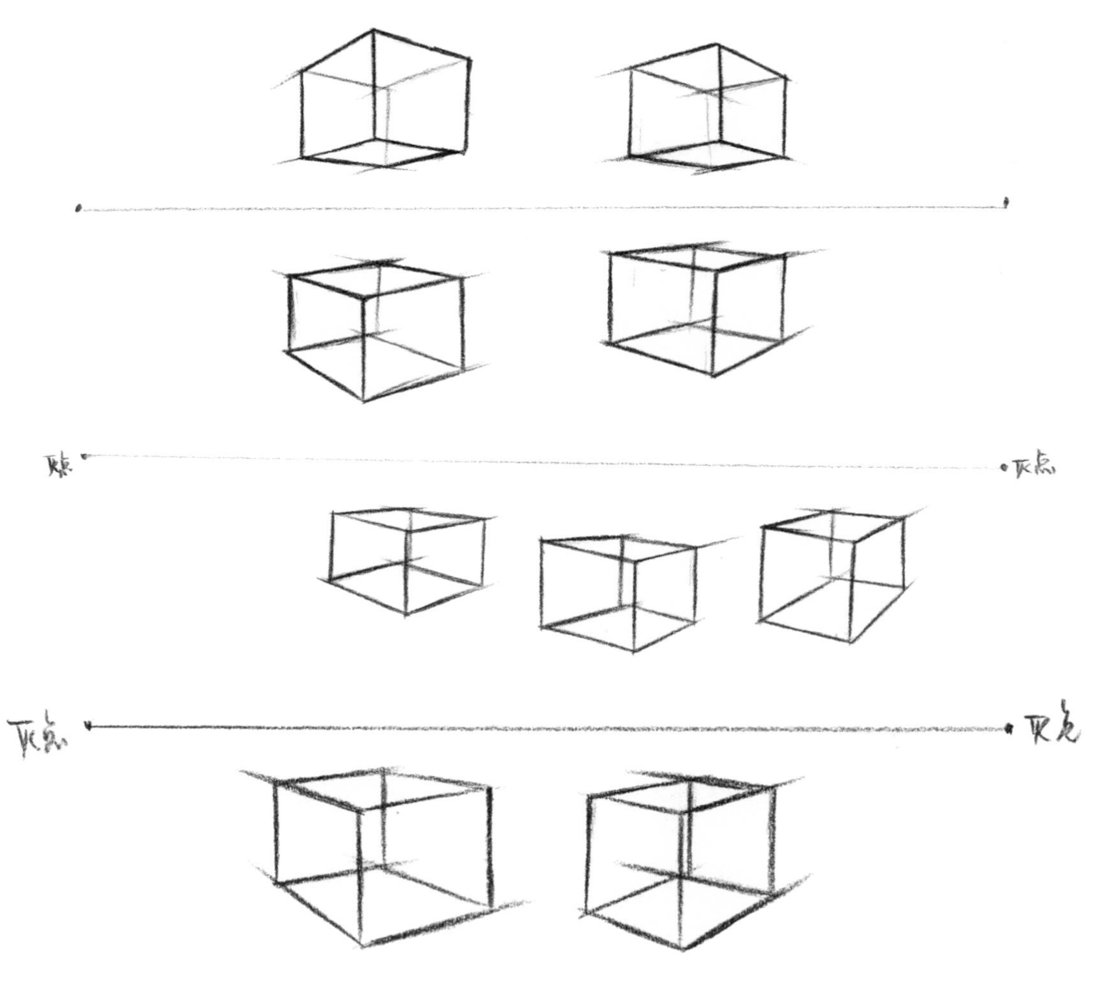

两点透视的练习

（3）透视原理

近大远小，近实远虚。任何产品本身都是存在于一个有透视关系的长方体之中，我们可以对长方体进行分析，从而得出产品身上的每一根线条。当我们不能凭借感觉画出那根透视和比例都很准确的线条时，我们可以借助辅助线或辅助面来进行定位。

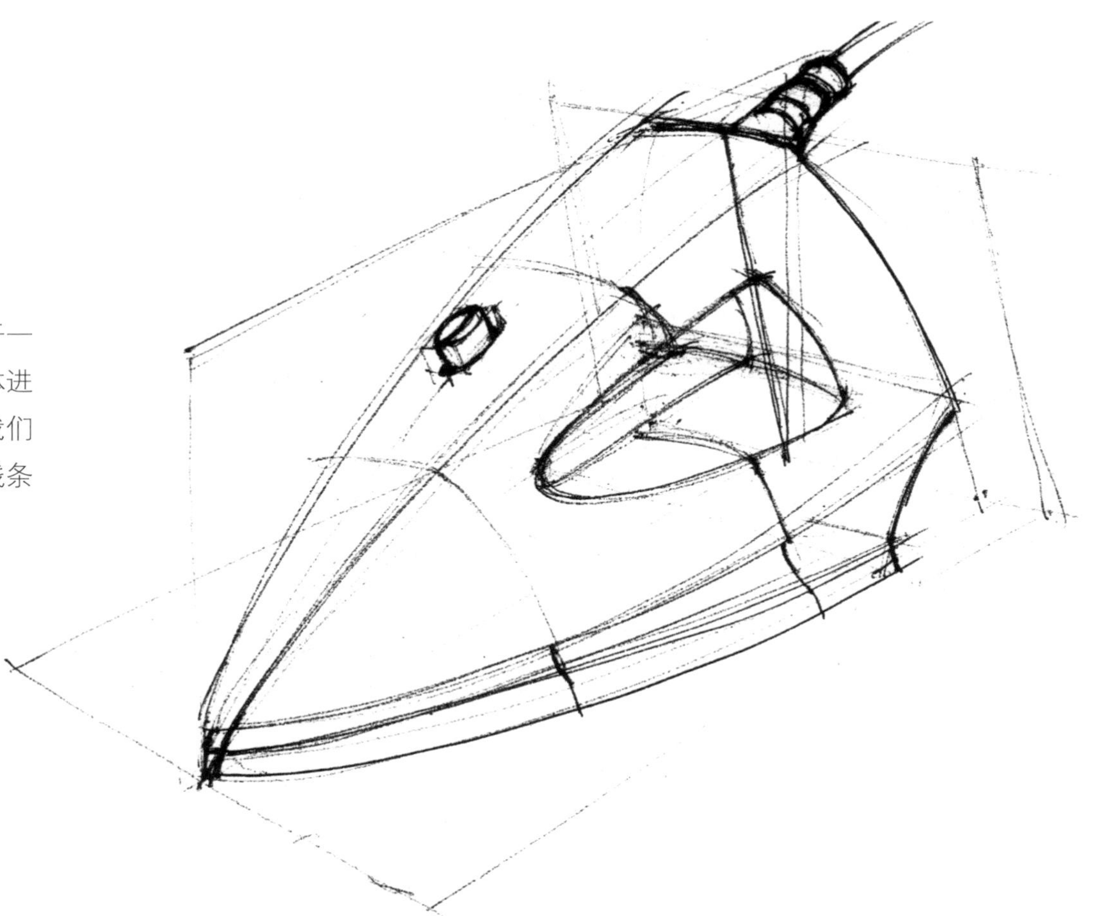

3. 结构

对结构的刻画，可以使我们深刻地认识产品、理解产品。初学者要认真研究并分析产品的结构，通过对产品细节的放大绘制及深入刻画来感受造型的现实意义。

Randam walk
Designer: Li Haodong
Time: 2014-6

Drills
Designer: Li Jinyu
Time: 2014-6

4. 训练方法

对前面提到的手绘图形中需要表达的三个重点，在训练的时候可以逐一地进行。例如对于各种线条的单独训练，可以使我们形成较好的手感，在画线的时候不会过于生涩。对于图形整体透视和结构的把握，要“从大到小”地进行绘画，即从产品最大的造型开始绘画，然互逐步地进行到细节、结构，这比其他方法更能保证草图透视的正确性。如果从较小部分开始再逐步向上添加较大的造型，那么较小部分上的错误就会成倍地增加，而较大部分的错误也会更加明显。

第三章　设计表达的形式

产品设计表现图是设计师通过媒介、材料、技巧和手段，以一种生动而直观的方式说明设计方案构思，传达设计信息的重要工作。

设计表现图是整个产品造型设计过程中不可缺少的重要表现形式。现阶段的设计表现图已经不单纯指产品效果图表达了，而是包含思维导图、构思草图、分析草图、结构与细节研究草图、使用状态图、二维效果图、三维效果图、产品场景图等内容的表现。这些从不同角度对设计过程的展现都属于设计表达的范畴。

每一种表现效果有自己独特的表现方式，也更加具有自己独特的表现意义。本章针对不同的设计表现图配以演示图形进行讲述。

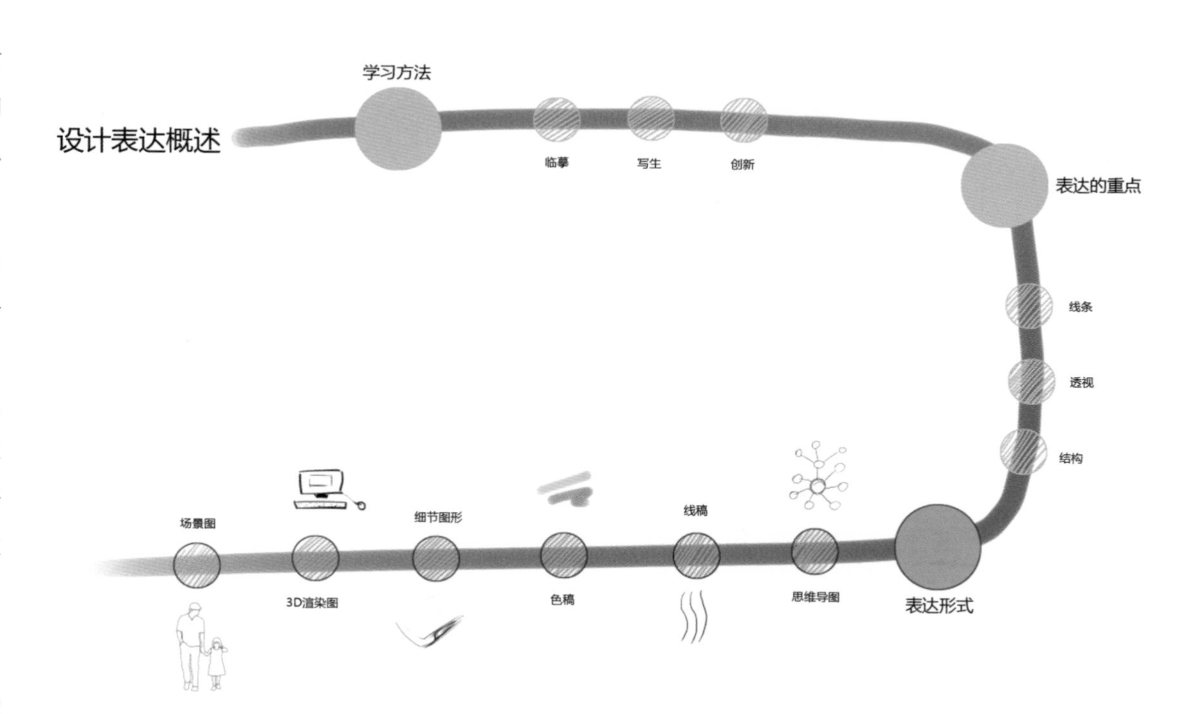

1. 思维导图

思维导图又叫心智图，是表达发散性思维的有效的图形思维工具。思维导图是一种将放射性思考具体化的方法。每一种进入大脑的资料，不论是感觉、记忆或是想法——包括文字、数字、线条、颜色、意象等，都可以成为一个思考中心，并由此中心向外发散出成千上万的关节点；每一个关节点又可以成为另一个中心主题，再向外发散出成千上万的关节点，呈现出放射性的立体结构。

思维导图便于设计人员快速探究设定的主题、问题或课题领域。从中心术语或立意开始，设计师迅速构思，形成互相关联的画面和概念。例如，设计师可以运用不同的颜色代表示意图的各个分支。

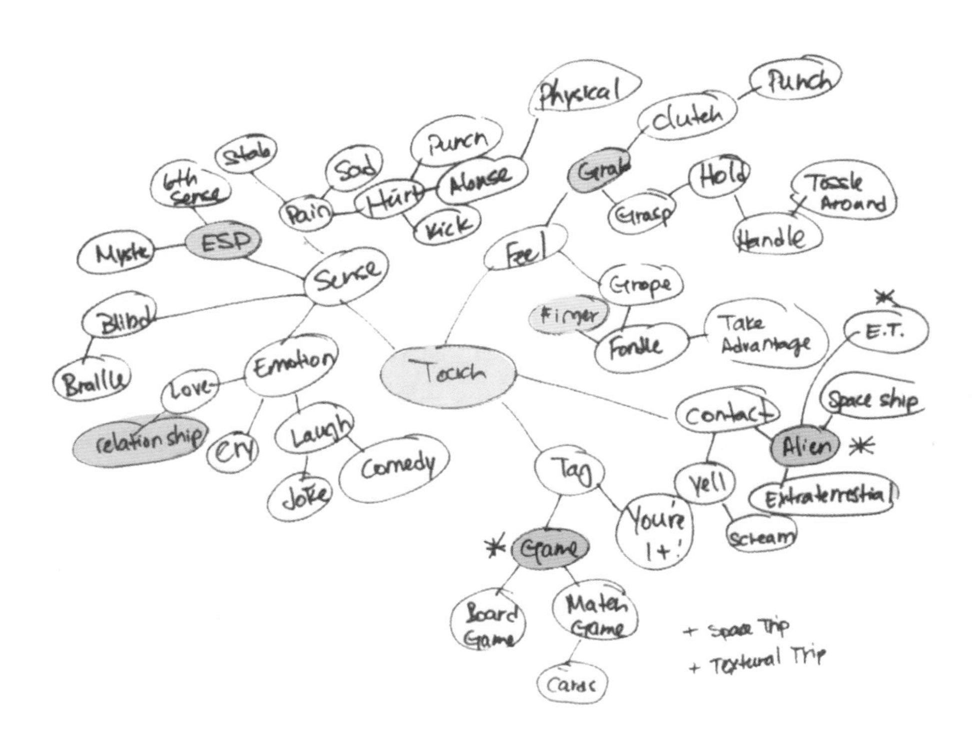

那么，如何绘制思维导图？

（1）设定中心。将一种成分放置在页面中心。

（2）扩充细节。围绕核心短语或画面创建联系网络，也可以运用简单的图形或词语。

（3）组织整理。思维导图的主干部分可以体现例如同义词、反义词、同音词、相互复合词等词类。尝试使用不同的颜色表示出你扩充出来的每个分支。

（4）细分。每个主干可以分成更小的分目录。快速构思，运用这个过程充分调动设计师的聪明才智。例如，“触摸”一词可以让你从触摸的动作转移到对触摸的感觉上来。

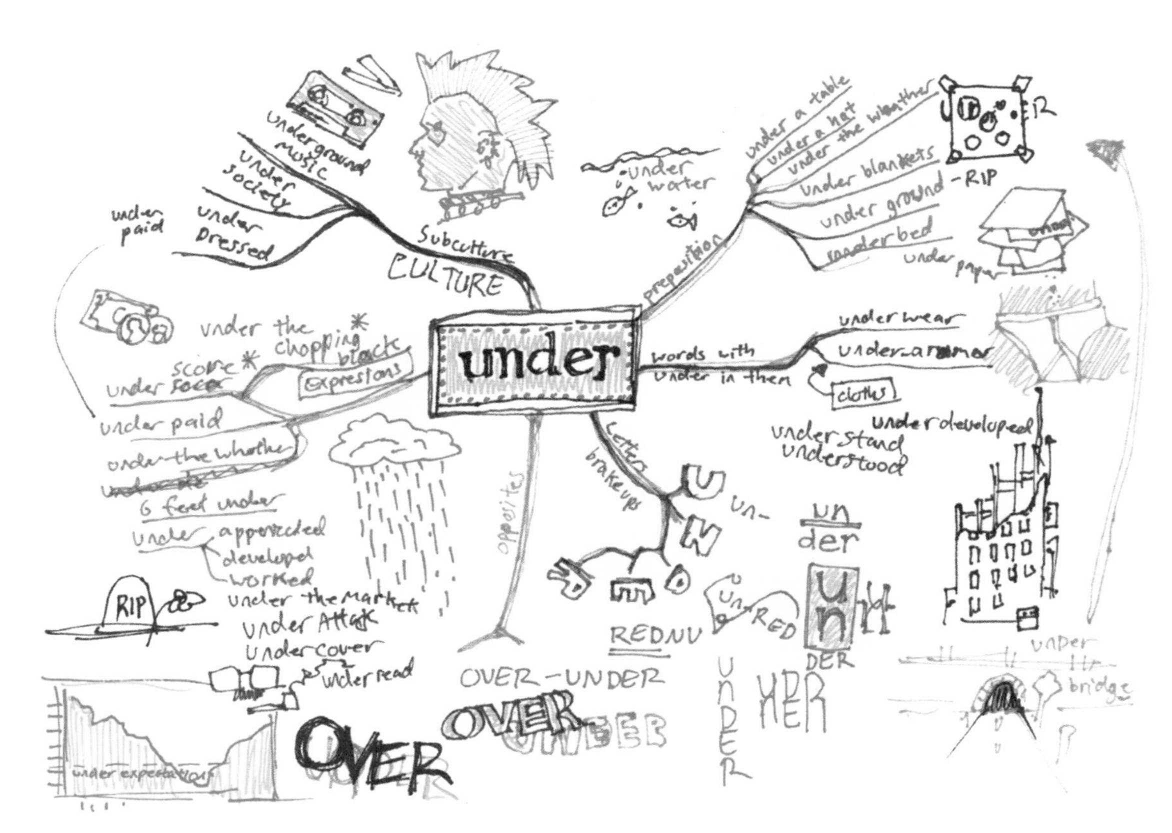

Designer: Alex Roulette
Times: 2014-6

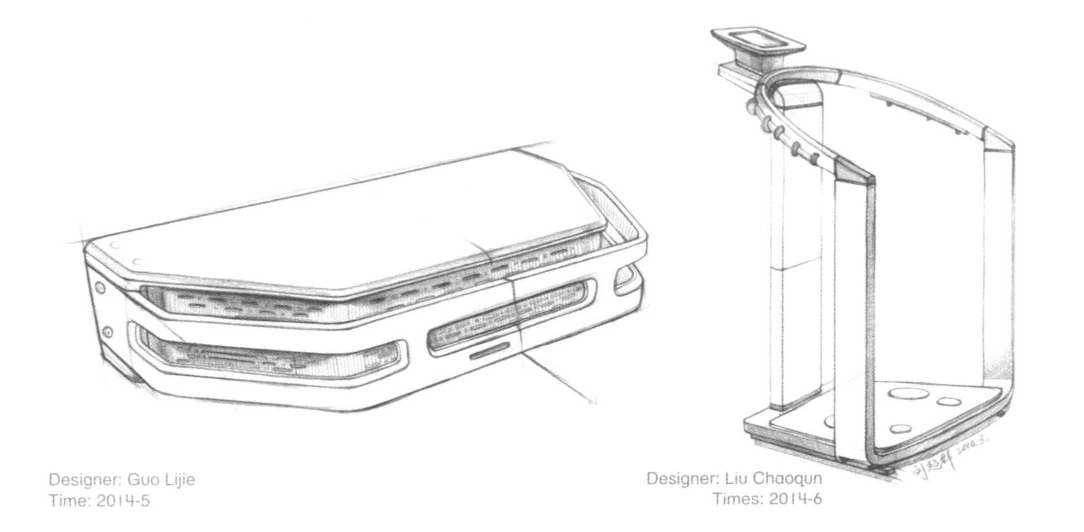

Designer: Guo Lijie
Time: 2014-5

Designer: Liu Chaoqun
Times: 2014-6

2. 线稿

线稿是设计过程中最为普遍，也是最为快捷的表现形式。它不会受到纸张、用笔、环境的限制，一般用来表达我们最初的设计思维。线稿主要是描绘产品的轮廓、大的形体转折及结构关系。线稿是设计表达的第一步，也是后续上色的基础，所以对于线稿的绘制一定要把握好形体的透视比例关系。

3. 色稿

（1）麦克笔上色

麦克笔是快速表现图形的最好工具，是通过色彩的搭配和形体的色彩转折来表现产品的体量感的。运用麦克笔要表达一种柔和的色彩过渡，所以在选取色彩时要注意色彩的层级差别过渡均匀，同时在作画时要在麦克笔笔触未干时做色彩衔接，避免有生硬的过渡产生。

在上色之前，首先要分析产品的受光面，以及不同质感的产品对光的不同反射效果。我们可以将产品的受光面整合成一个圆柱的受光情况。当光源从上方照射下来，物体必定会存在受光面、暗面和灰面，同时在色彩关系上存在固有色、光源色和环境色。

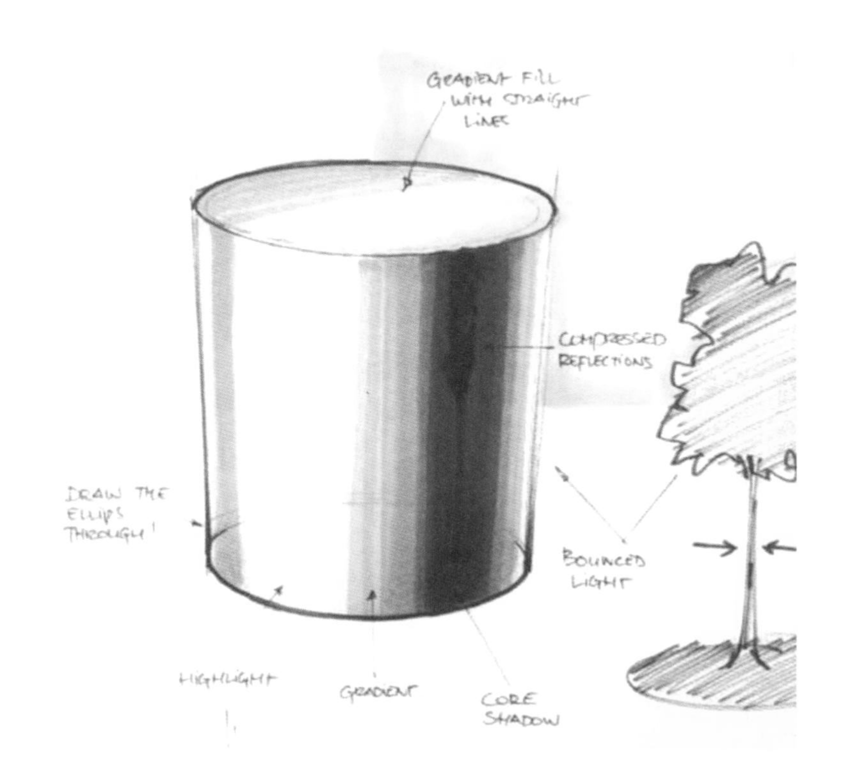

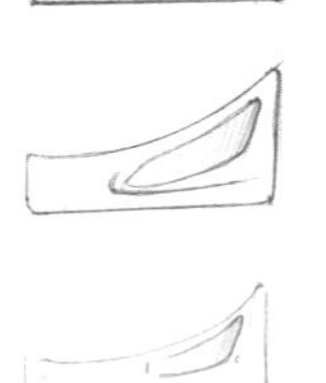

Randam walk
Designer: Li Haodong
Time: 2014-6

(2) Ps 二维上色

所有的线稿图不仅只是用来进行内部交流的，它还可以通过简单的上色处理来增加图形的立体感，方便与客户进行最初设计想法的沟通。Ps 二维上色与产品三维建模相比最大的优点是快捷，设计师可以用很短的时间完成设计想法的立体呈现。它适于设计之初方案寻找过程的表达。

最初的草图是以线稿为底层，并在 Adobe Photoshop 软件中操作编辑完成。一般是选取需要上色的区域进行色彩填充，运用减淡和加深工具快速地在物体表面实现光影和反射效果，突出造型的大体结构及不同曲面的转折变化即可。

4. 图形细节

在产品造型中，会常常遇到所画的效果很空，形成不真实的效果，这些都是由于缺乏细节所致。再简单的形体也是有它的细节表现的。对产品造型理解得越透彻，表现产品的细节就更加显得胸有成竹了。

细节图形一般展现的是产品存在结构的地方，通过对产品细节的深刻描绘，设计者可以认识产品、理解产品，并可以借此机会去思考为什么在产品设计中会存在这样的形体。形体是有意义的存在，并不是设计师情感的再现，好的形体是有结构和功能作为支撑的。

在表达产品的细节时，我们还需要在关键位置加入一些必要的结构线。结构线的线条不必深于描绘图形的轮廓线，目的在于使产品表面的起伏转折及形体的结构变化看上去更清晰，还可以省略某些复杂的暗面和细节部分的绘制，达到简化形的效果。

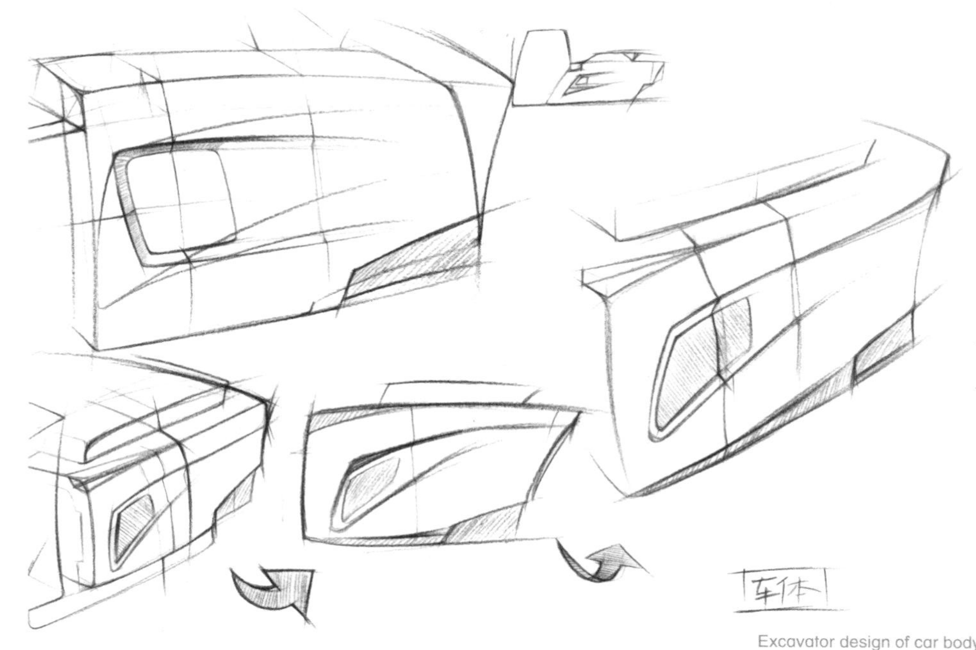

Excavator design of car body
Designer: Guo Lijie
Times: 2014-7

5. 3D 渲染图形

产品渲染中的构图、材质（包括色彩）、灯光组成了渲染的最后图像。第一，构图。构图是产品渲染的第一步。我们通过分析产品的造型，可以确定产品如何构图。

第二，材质。材质本身的感觉特性以及材质经过表面处理之后所产生的心理感受构成了材质的“表情”特征。它们给产品注入了情感，就像镶在产品上的“微笑”，启示着人们将其纳入相应的表情氛围与情感环境中。

第三，灯光。当赋予产品材质之后，剩下的工作就是布光了。如果一个产品没有灯光，也就谈不上产品的视觉艺术效果。在图像中，一般有一个主光和多个辅助光，借助主光的照射，来表现物体的造型和结构，保证图像的可视性。产品的细节、质感的表现，是由主光和辅助光共同完成的，通过调节灯光的光量、角度和硬度来实现。

α washing machine
Designer: Xu Haihao
Times: 2014-6

6. 场景图

产品有时要放置在它应该存在的环境中，即场景中，才能唤起我们内心深处的共鸣。场景图既可以很好地解释产品的功能用途，更是对产品自身效果的一种烘托。经常使用的场景图一般是将产品融入一个它所存在的使用环境中，通过我们所熟悉的环境来认识和理解产品。

还有一种场景图只是对我们所熟悉产品的一种艺术烘托，一般适用于造型结构相对简单的物体。运用合适的背景图片并与产品很好地融合在一起，可以将产品带入一种意境，提升其视觉感受。在这种意境的处理中，我们经常会用到景深效果，以突出产品的某个局部，虚化的部分起到衬托作用。

40 Intelligent Electromagnetic Oven
Designer: Li Ying
Times: 2014-6

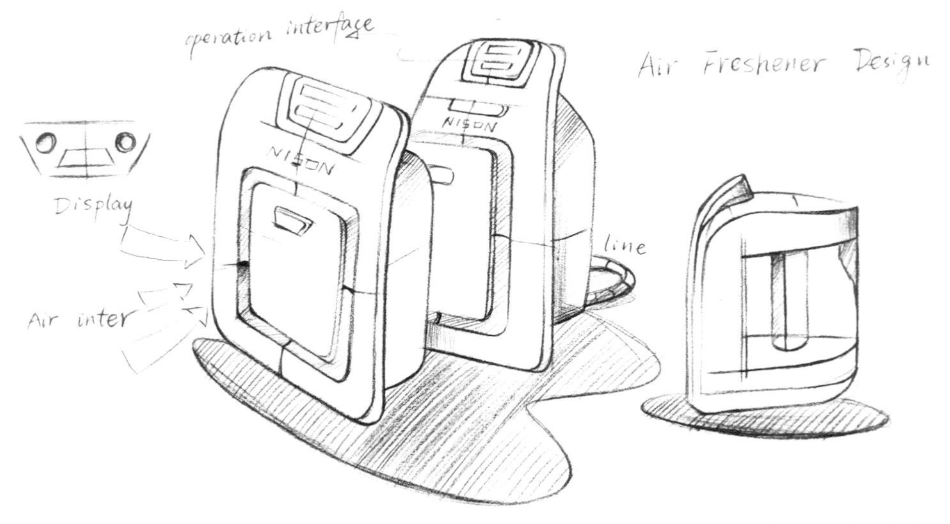

Designer: Duan Yuting
Times: 2014-3

7. 训练方法

本章所提到的所有绘图方法都是为了很好地表达创作设计思维。在这些不同的表现方式中，一定要注意其他对效果图产生更大影响的因素，例如，对比手法的运用、协调物体之间的尺寸以及草图之间的布局等因素。

在这些因素中，最需要重视的就是草图布局时的重叠部分，有的时候需要将草图故意重叠地画在一起，这可以锻炼我们即兴创作的能力，也可以通过强烈的对比色，将欣赏者的注意力从其他的地方转移到纸上。

我们在练习的时候也要注意：应该如何摆放这些草图，才能使其更具有吸引力和表现力。

手绘生活从这里开始……

第二部分　设计表达案例

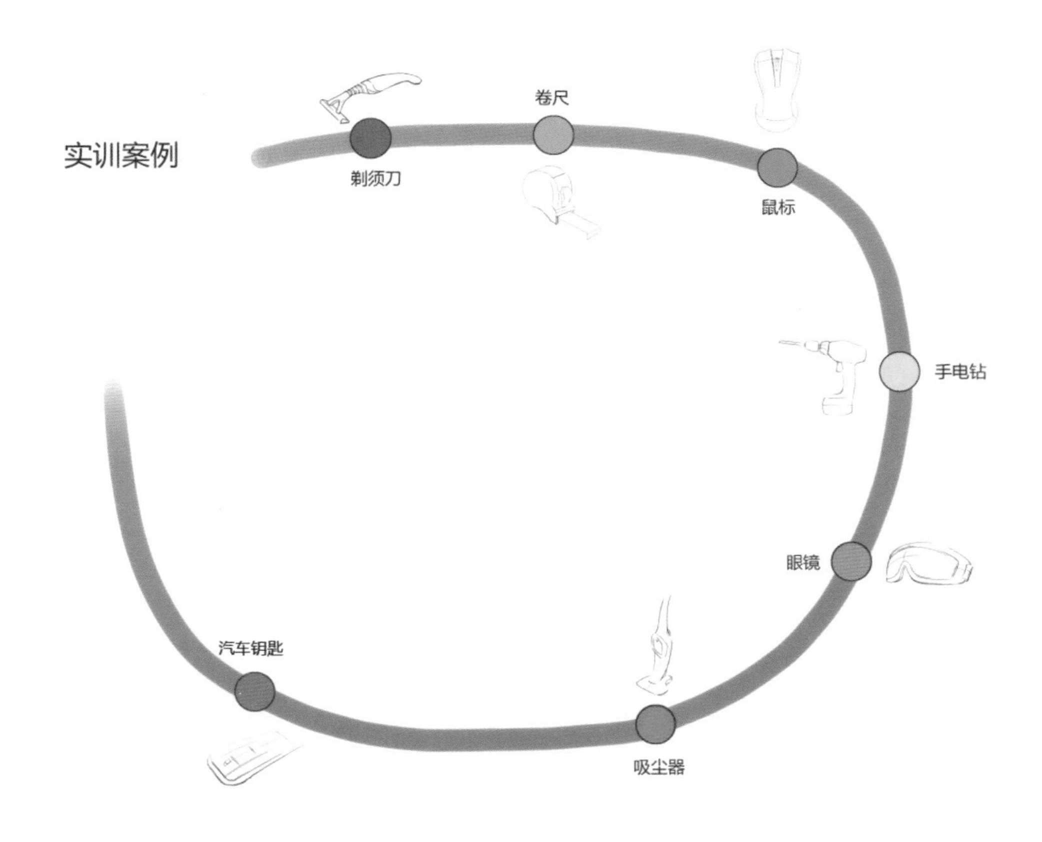

这一部分秉承“从临摹，到超越，到创新”的理念，将手绘在产品整个设计思维过程中的不同表现形式进行分阶段的图形阐述。本书选取了日常生活中常见的七种产品，并分别从思维导图、构思草图、分析草图、结构与细节研究草图、二维效果图、三维数据模型、模型渲染场景图等几个方面用图文搭配的方式进行展示。希望通过这样的实例介绍方式，让初学者或设计爱好者更加明确手绘对于设计思维表达的作用。

SKETCHING LIFE

Razor creative design

案例一　剃须刀手绘与创新设计

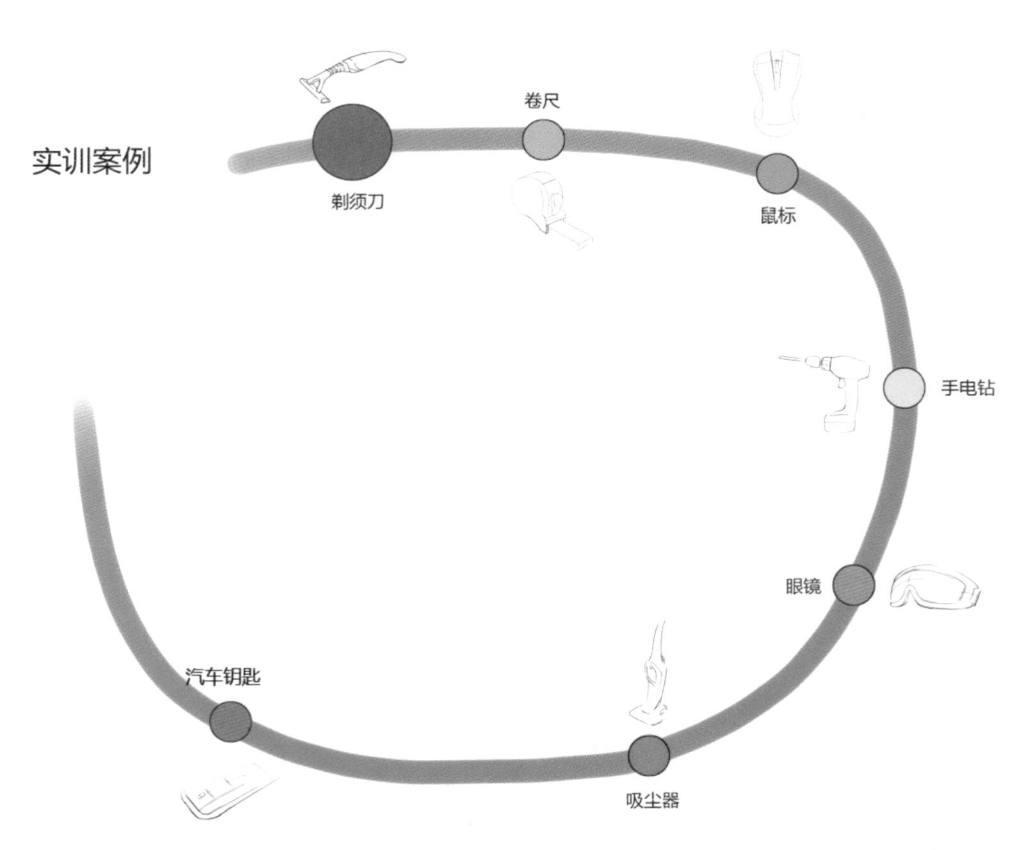

本案例主要提供剃须刀的各种手绘图形，在给出原图的同时将手绘表达的线条图形及麦克笔上色的图形作为比对，让初学者学习怎样提炼线条以及如何绘制线条。在可供临摹的剃须刀图形之后，还有作者用形态发想法创作的设计图形，对初学者进行设计方案的思维发散具有很大的启发意义。

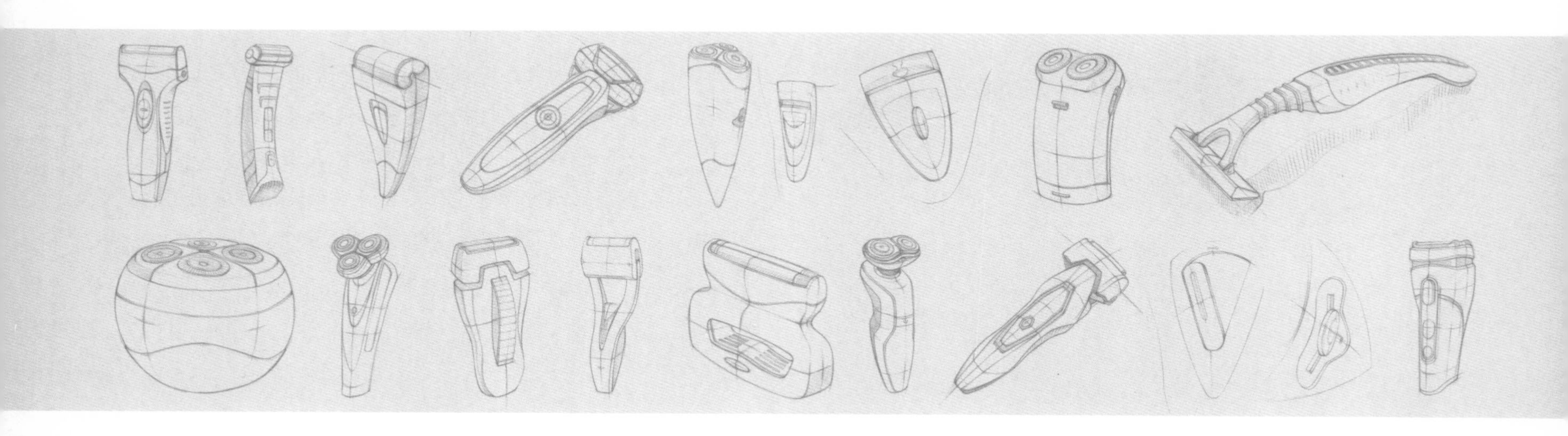

产品手绘表达 | Product drawing expression

START

开始一件事情是最容易的，
“易”的是最初的你是最有干劲的；
但往往也是最难的。
“难”的是你怎么把这件事情做得足够完美。

first day

做事之前不妨先好好思考你第一步要做什么，然后在思考的时候抓住那么一瞬间的灵感，果断地做下去。

Acting before thinking of you may wish to first step to do what，Then grab a moment of inspiration in thinking，decisive do

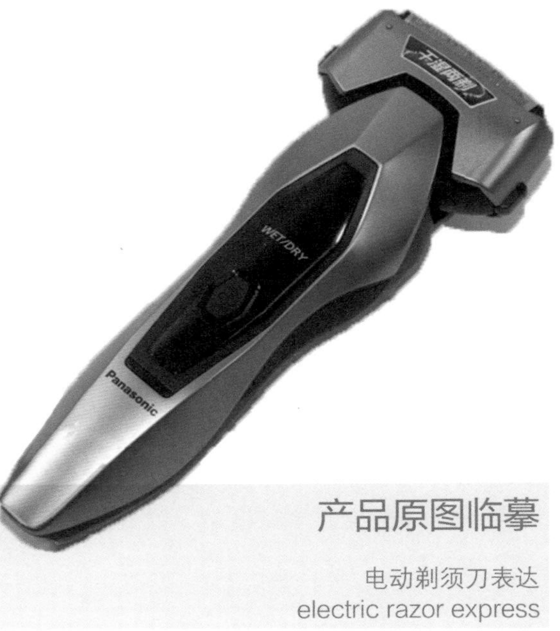

产品原图临摹

电动剃须刀表达
electric razor express

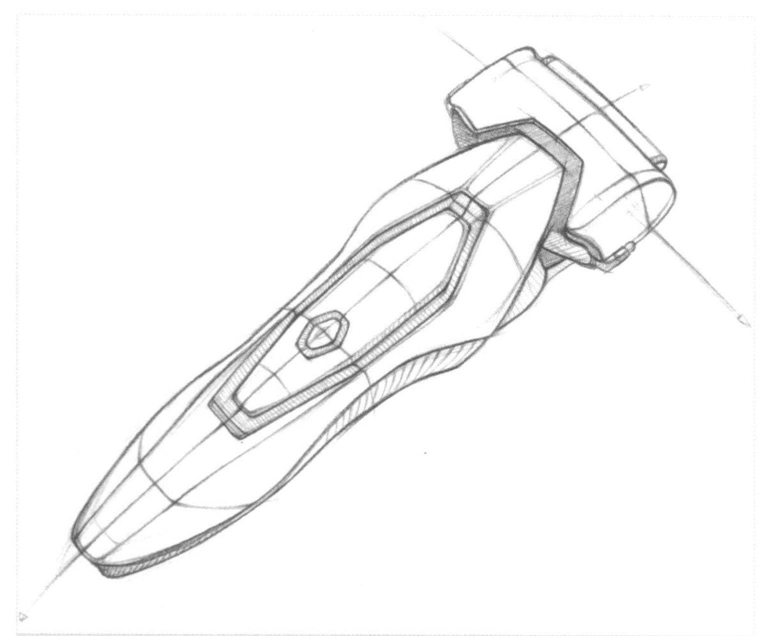

既然开始了就要做好，这不仅为之后的工作带来动力，而且可以让你尽快地进入状态。

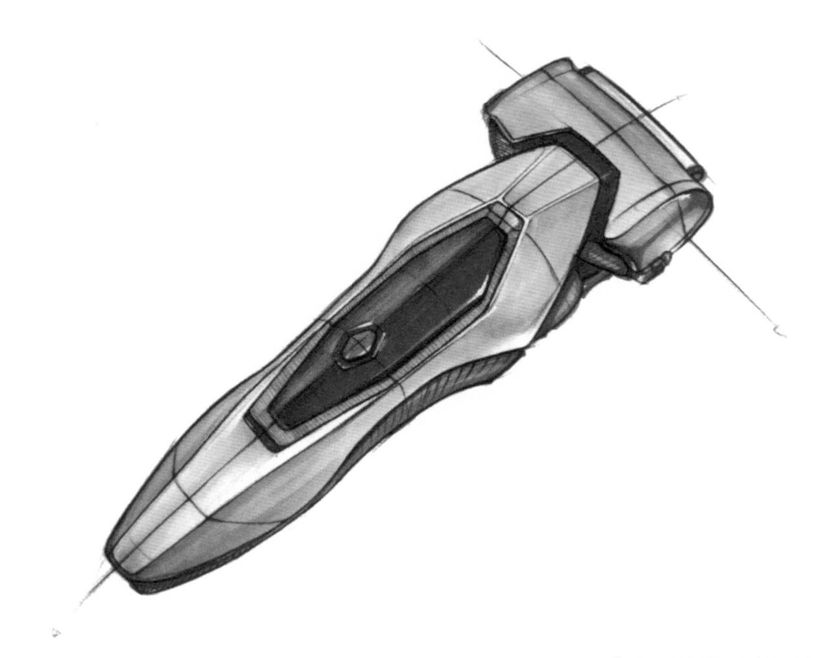

产品原图临摹

电动剃须刀表达
electric razor express

Designer: Guo Lijie
Times: 2014-3

一旦你的思维处于某种状态，这将是势不可挡的。下面这两张图，从临摹到上色一气呵成，这是一种难得的状态，尽量不要让外力来破坏它。

产品原图临摹

电动剃须刀表达
electric razor express

Designer: Guo Lijie
Times: 2014-4

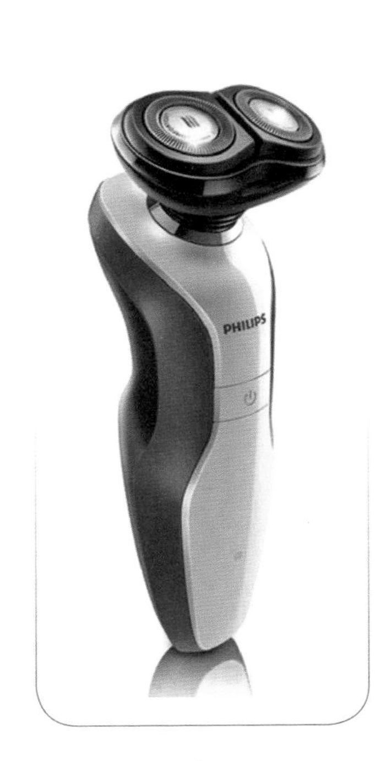

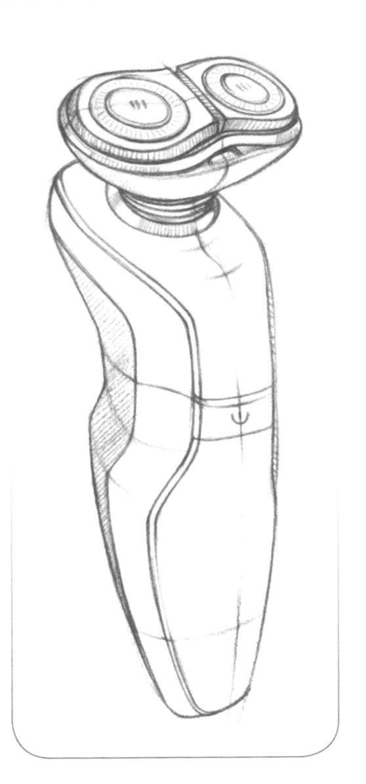

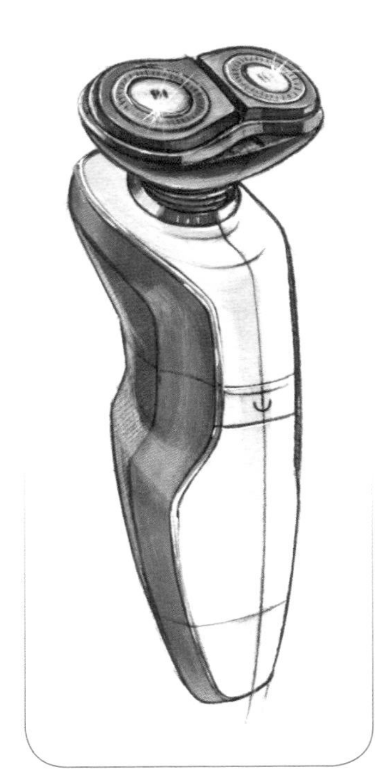

ENDLESS

讨论的结果也许不是最重要的，重要的是讨论的过程。在这期间，每个人都可以从他人的语言中获取属于自己的灵感，进而为自己所拥有……

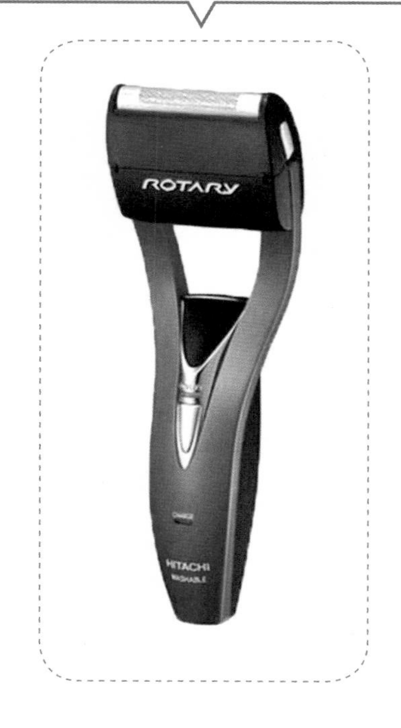

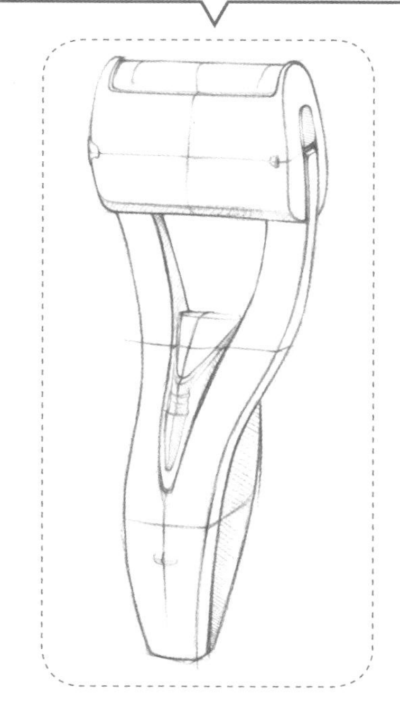

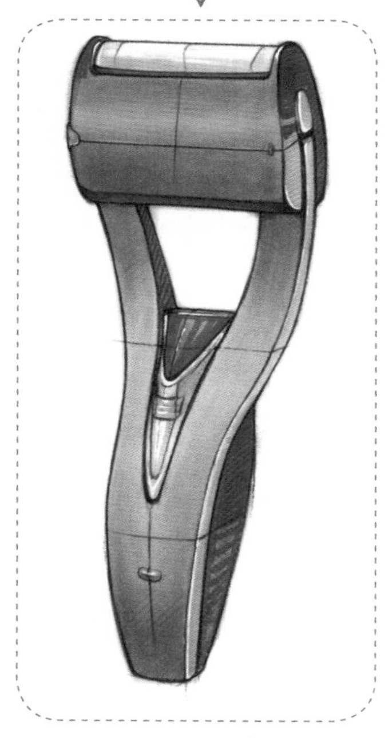

产品原图临摹

电动剃须刀表达
electric razor express

Designer: Guo Lijie
Times: 2014-3

ENDLESS

投入某件事之前，你应该
忘记你自己的身份，这样
才不会被这个身份所束缚。

产品原图临摹

电动剃须刀表达
electric razor express

Designer: Guo Lijie
Times: 2014-3

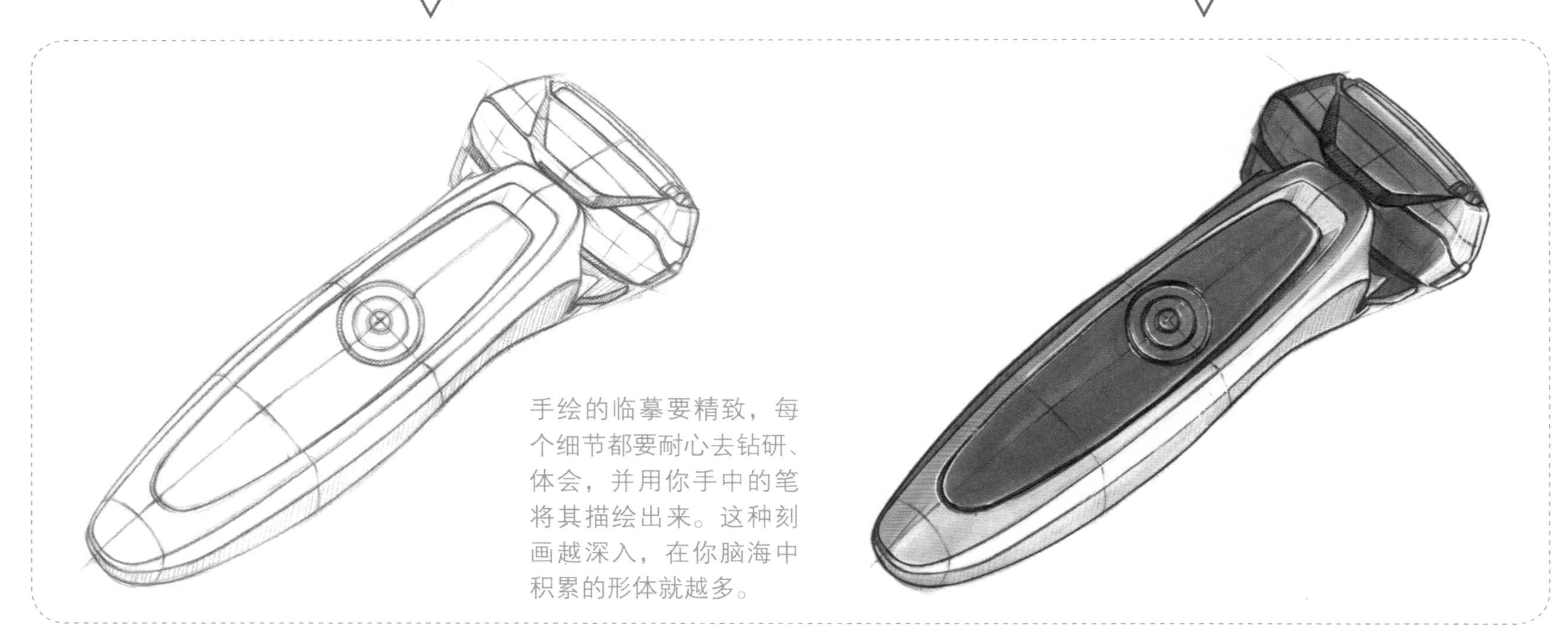

手绘的临摹要精致，每个细节都要耐心去钻研、体会，并用你手中的笔将其描绘出来。这种刻画越深入，在你脑海中积累的形体就越多。

产品原图临摹

电动剃须刀表达
electric razor express

Designer: Guo Lijie
Times: 2014-3

MORE MORE MORE

做好一件事情并不是思维达到某种高度就够了，还必须要用大量的时间和行动来积累经验。提高手绘的水平，更要靠不断地重复，不断地摸索……

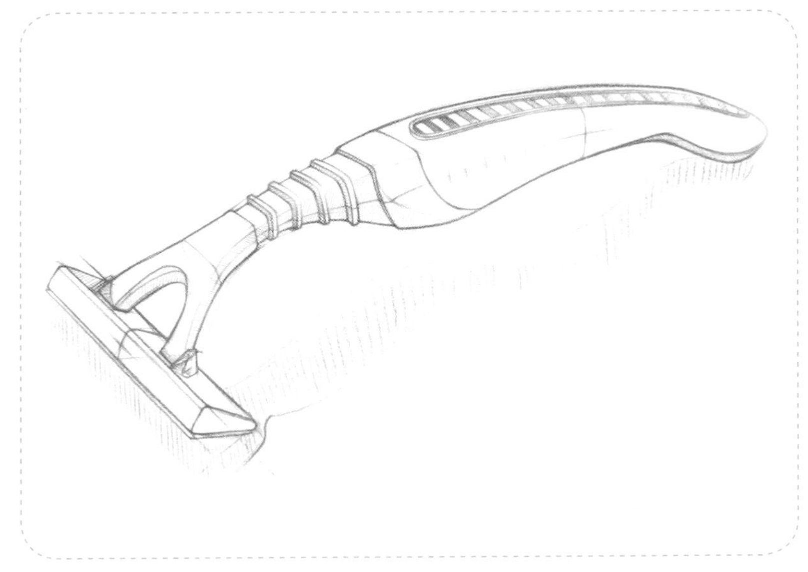

产品原图临摹

电动剃须刀表达
electric razor express

Designer: Guo Lijie
Times: 2014-3

Thirteenth

用更多的重复，来巩固你的基础，实现你想达到的目标。

产品原图临摹

电动剃须刀表达
electric razor express

Designer: Guo Lijie
Times: 2014-3

MORE MORE MORE

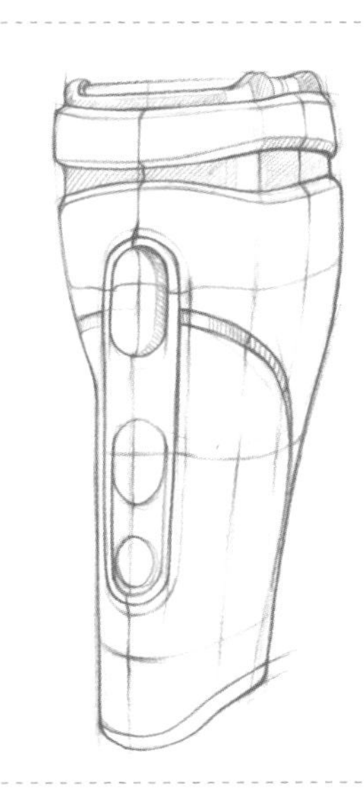

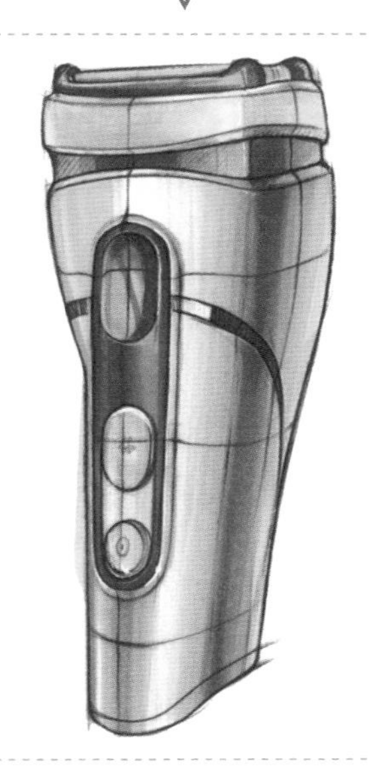

追求数量的同时也要注意质量，大胆地运用麦克笔来完善你的作品。

产品原图临摹

电动剃须刀表达
electric razor express

Designer: Guo Lijie
Times: 2014-3

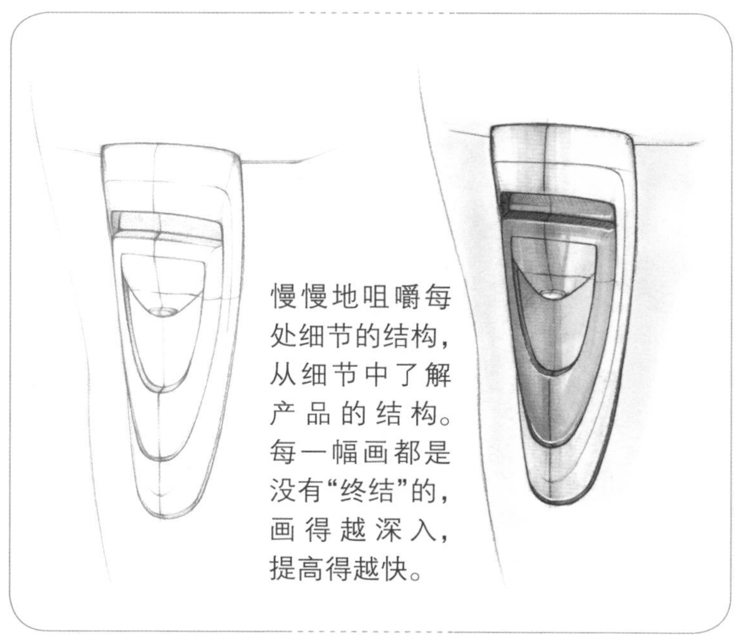

细节刻画

电动剃须刀表达
electric razor express

Designer: Guo Lijie
Times: 2014-3

成长就是一个让自己从“满意——不满意——满意”的过程。不要惧怕别人质疑的眼光，因为别人的质疑是刺激我们快速成长的最有效的方式；不要怕遇到坎坷，一帆风顺的路程是不会太长久的。

细节刻画

电动剃须刀表达
electric razor express

绘画之前考虑清楚每个结构的转化，这也是理解产品的最好契机。这样做会让你事半功倍，画出来的透视关系也会更加准确。

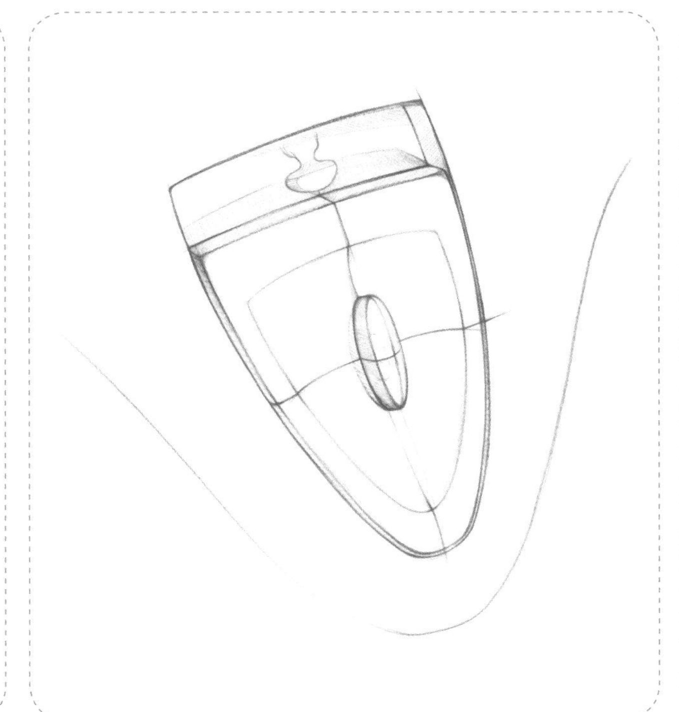

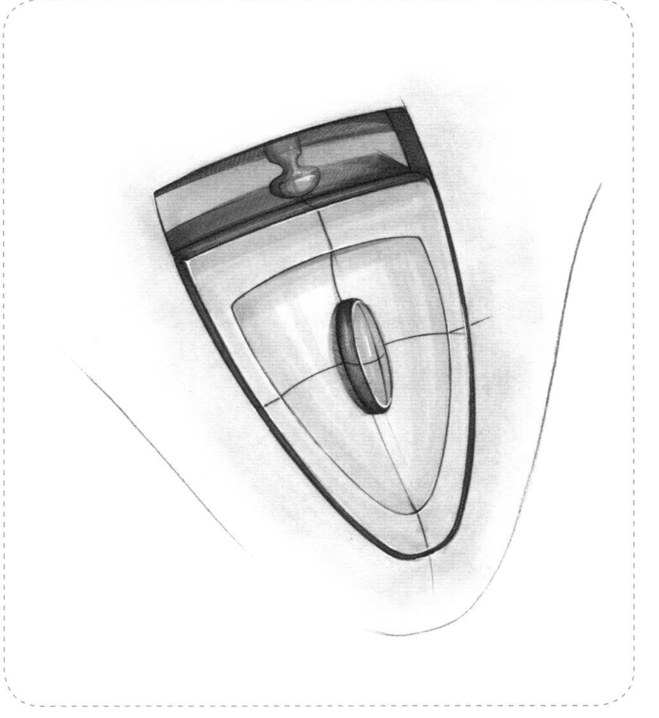

Twenty-fifth

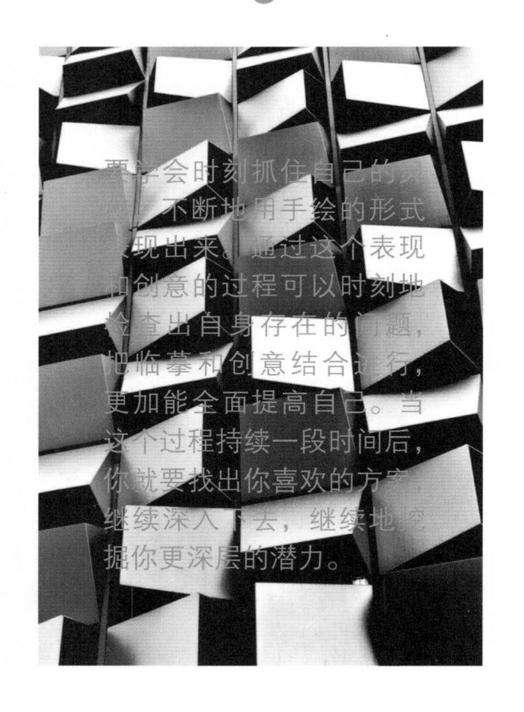

要学会时刻抓住自己的灵感，不断地用手绘的形式表现出来。通过这个表现和创意的过程可以时刻地检查出自身存在的问题，把临摹和创意结合进行，更加能全面提高自己。当这个过程持续一段时间后，你就要找出你喜欢的方案，继续深入下去，继续地挖掘你更深层的潜力。

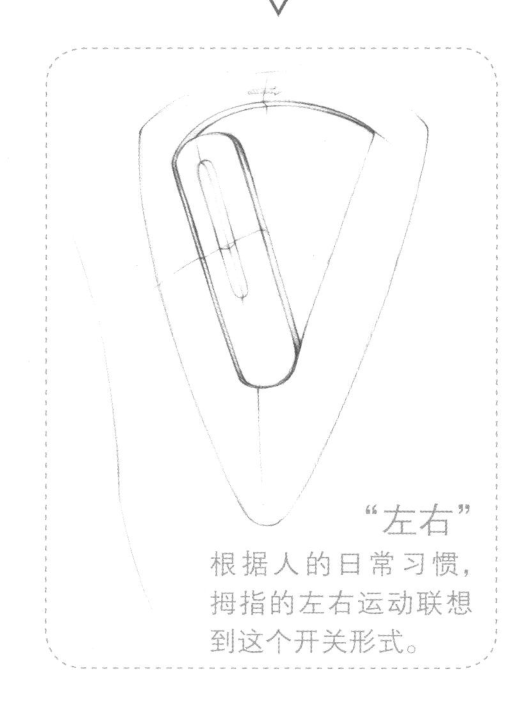

“左右”

根据人的日常习惯，拇指的左右运动联想到这个开关形式。

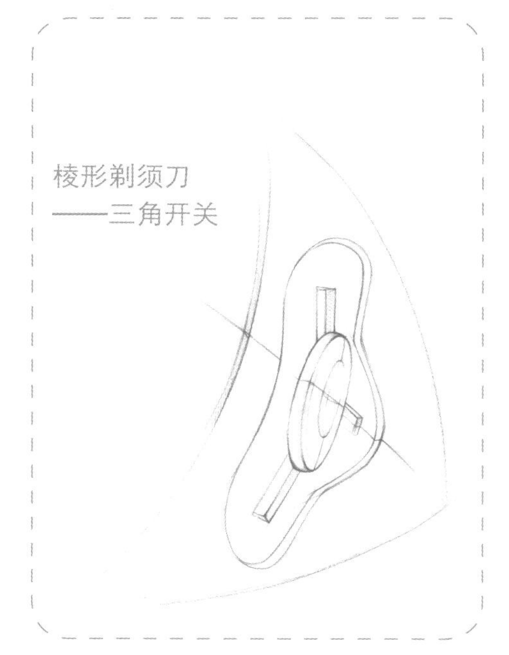

棱形剃须刀
——三角开关

细节刻画

电动剃须刀表达
electric razor express

Designer: Guo Lijie
Times: 2014-3

WAIT

Have a break

也许，在一件事情没有进展的时候，我们就可以放下手中的纸笔，到外面走走或是看点书，从书中可以获得更多的感悟，而大自然永远都可以给我们灵感，只要你有一颗认真的心和一双善于发现美的眼睛。

创意随想

电动剃须刀表达
electric razor express

飞扬的思维

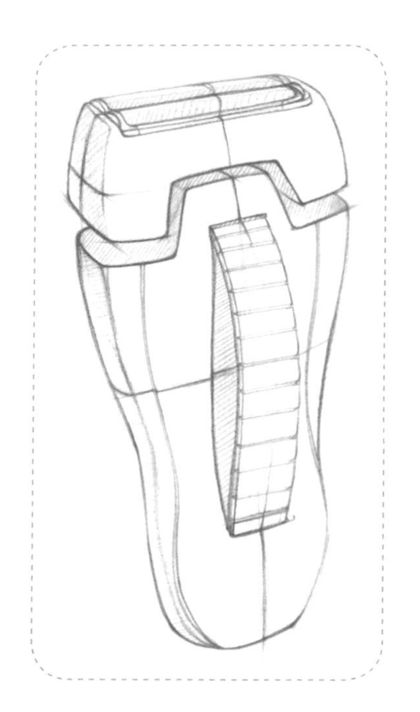

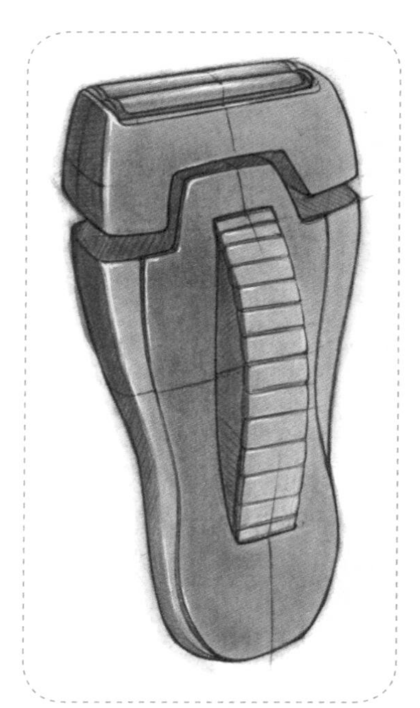

剃须刀中间突起部分的体量设计，增加了剃须刀的握感，适中的体积让用户有完美的清洁体验。

创意随想

电动剃须刀表达
electric razor express

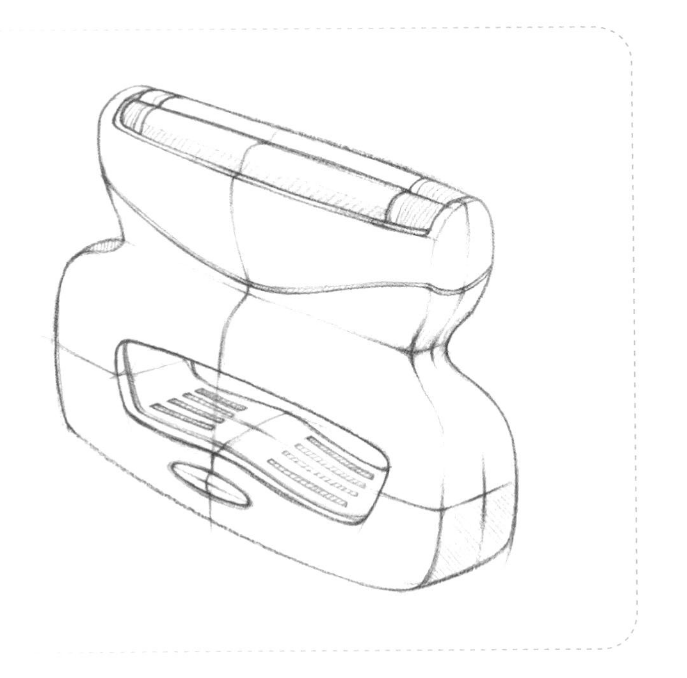

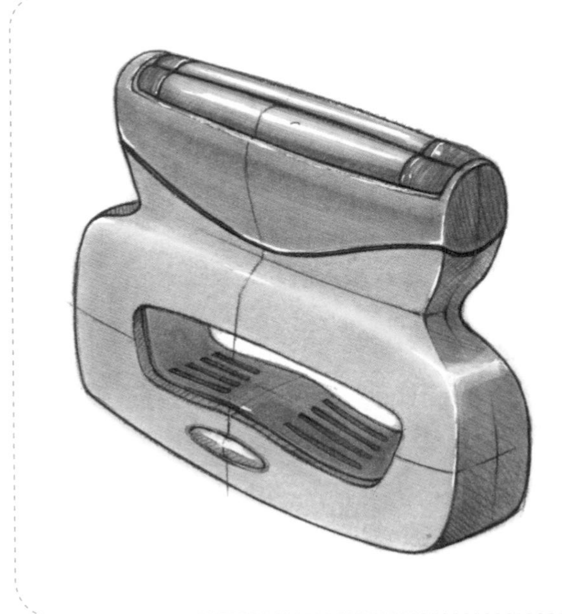

指·控

finger control

“手指剃须刀”设计，小巧精致，携带方便，创新度也非常大，改变了传统剃须刀的使用方法。

创意随想

电动剃须刀表达
electric razor express

Fifty-one

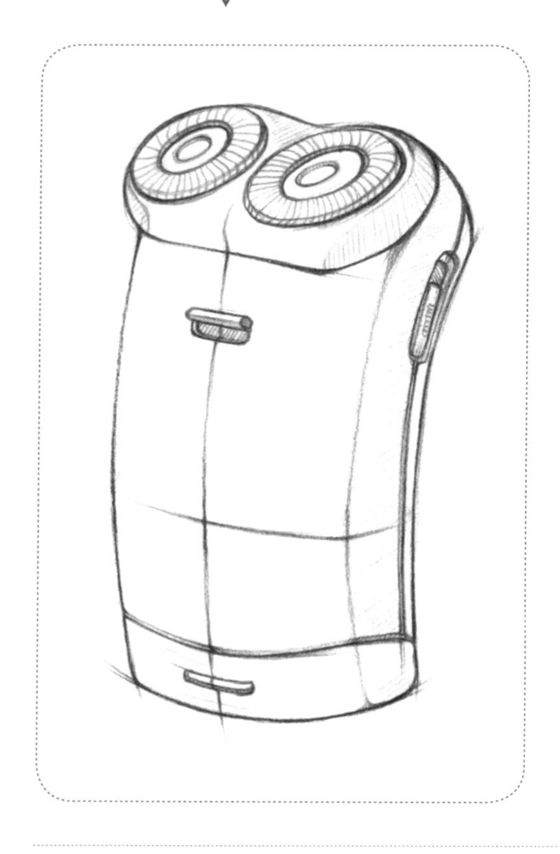

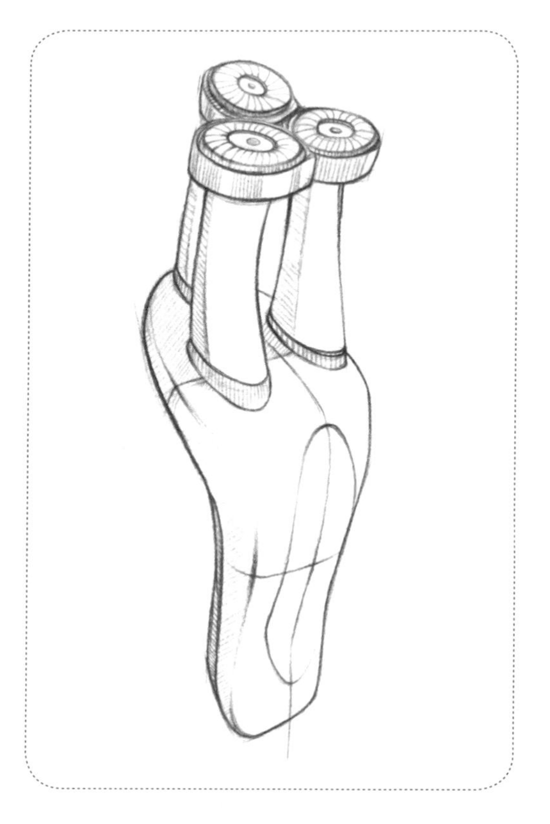

创意随想

电动剃须刀表达
electric razor express

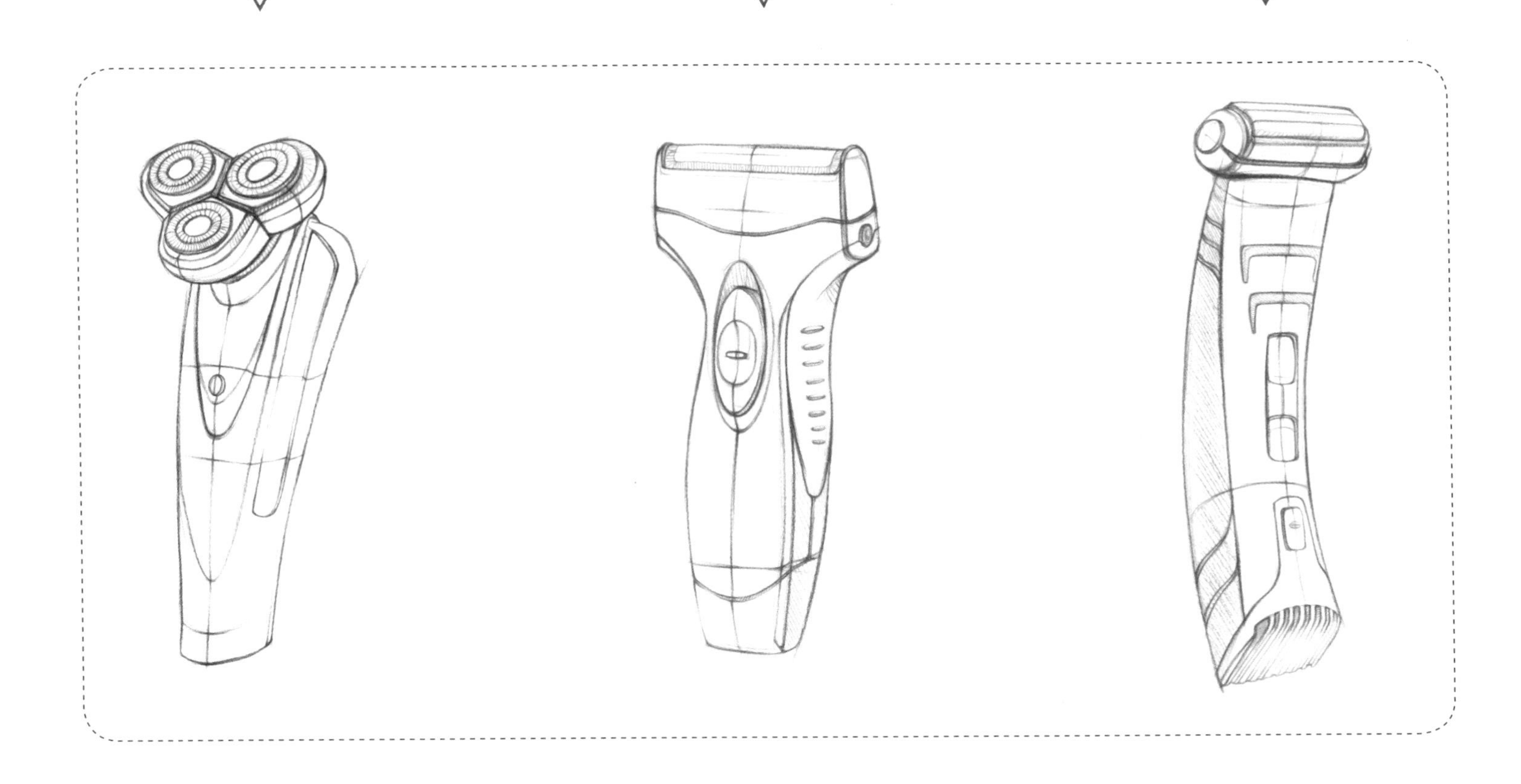

MORE MORE MORE

seventy-sixth

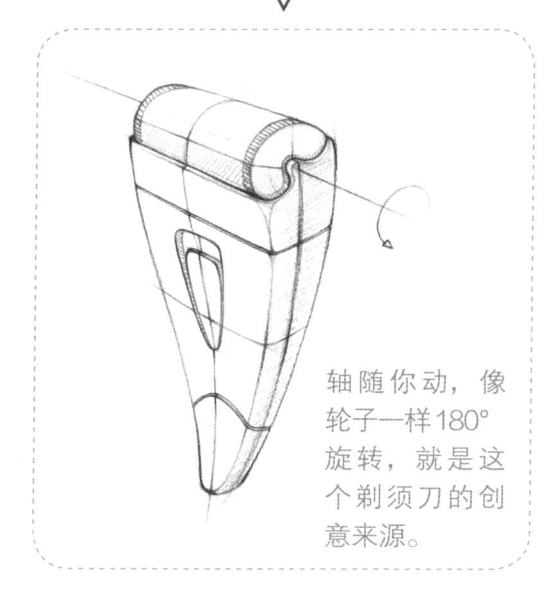

轴随你动，像轮子一样180°旋转，就是这个剃须刀的创意来源。

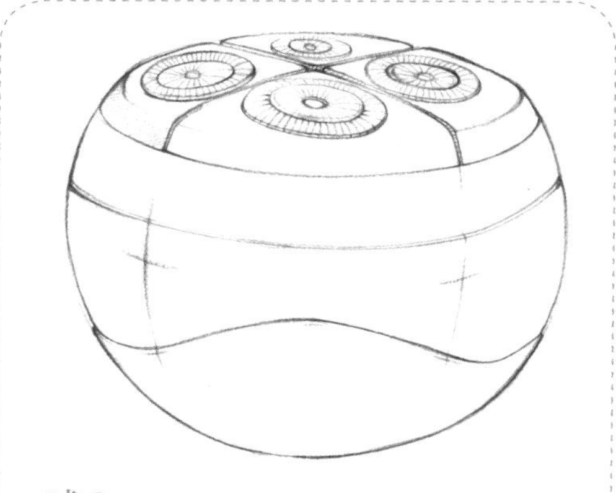

球? ball?
这个剃须刀肯定有着非同凡响的握感，看到的人不禁会想去触摸一下。

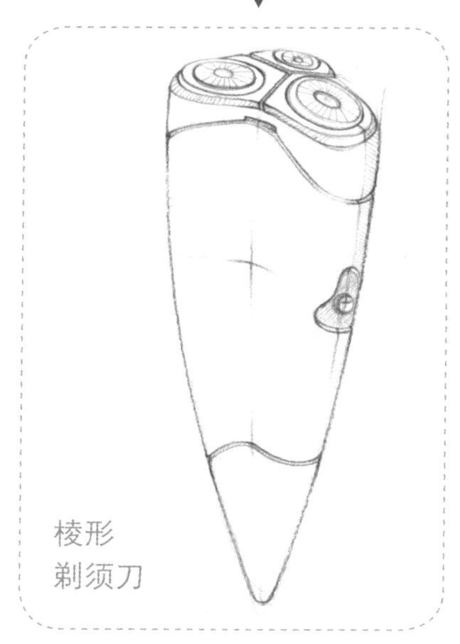

棱形
剃须刀

创意随想

电动剃须刀表达
electric razor express

Designer: Guo Lijie
Times: 2014-3

TAPE MODELLING DESIGN

Volume ruler innovative design

案例二　卷尺创新设计

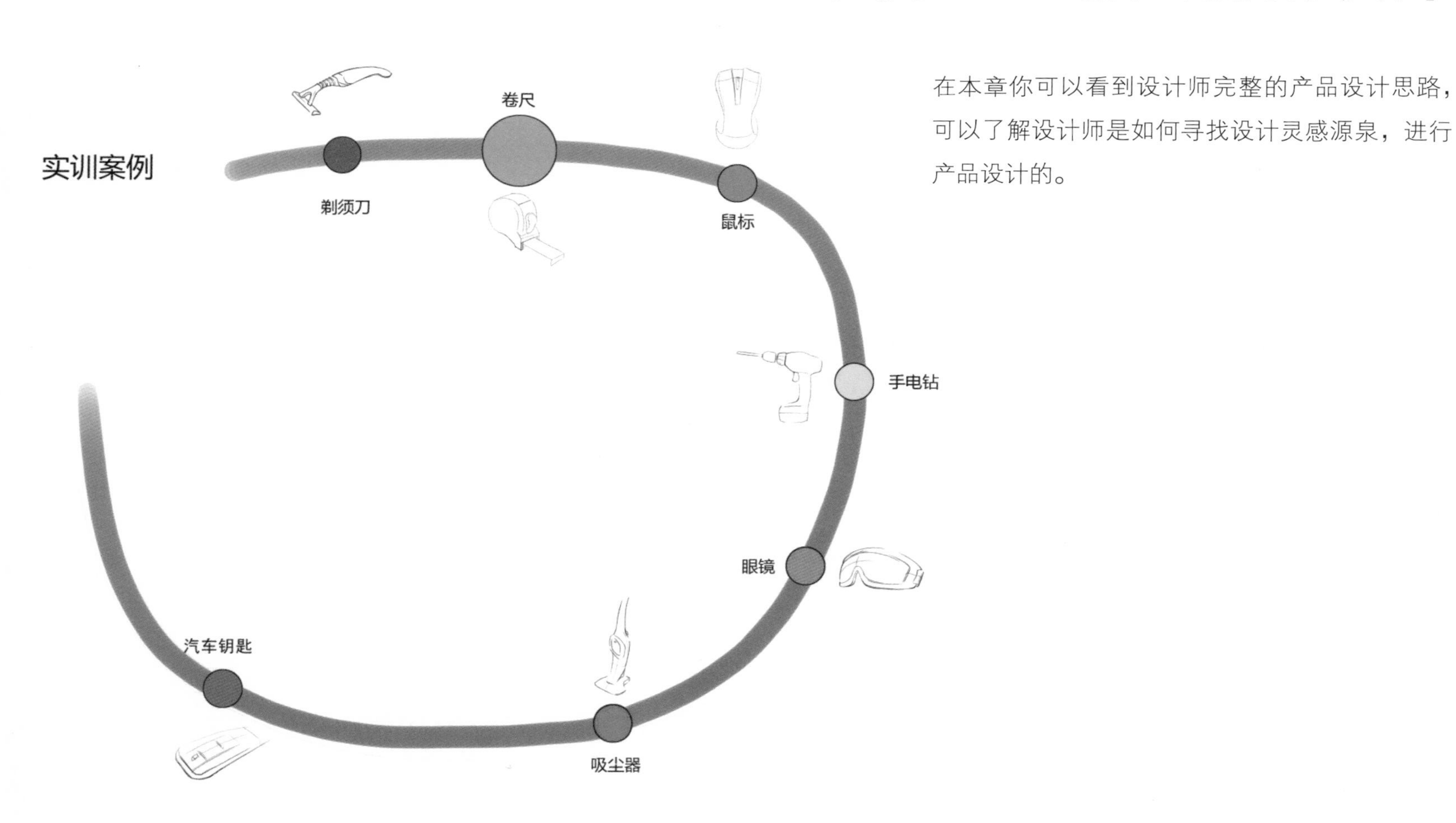

在本章你可以看到设计师完整的产品设计思路，可以了解设计师是如何寻找设计灵感源泉，进行产品设计的。

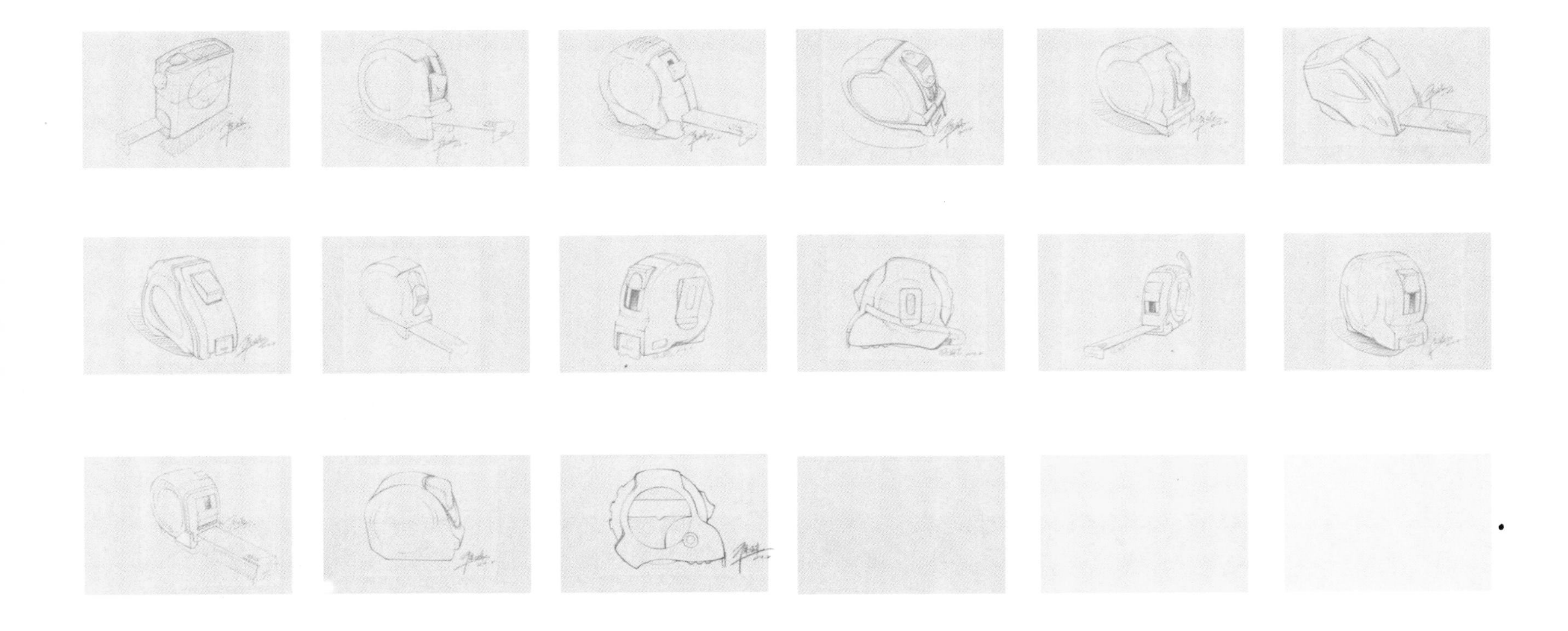

几张线条图

卷尺创新设计
Volume ruler innovative design

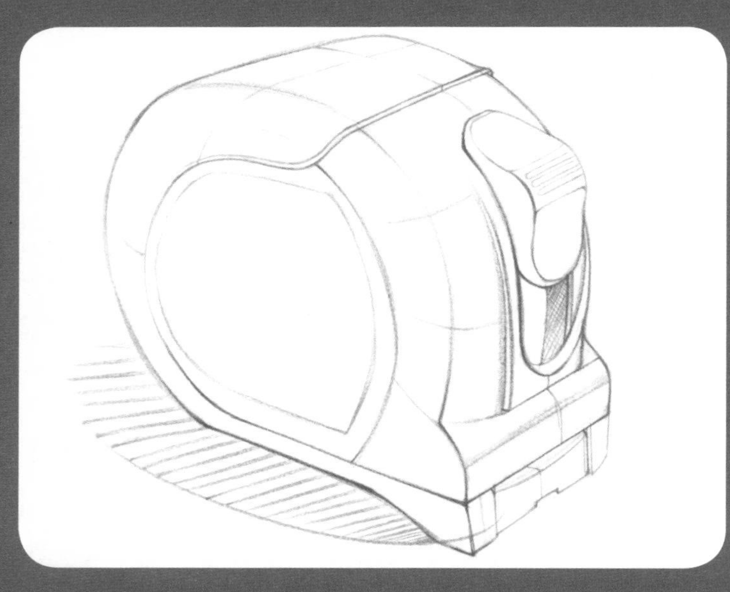

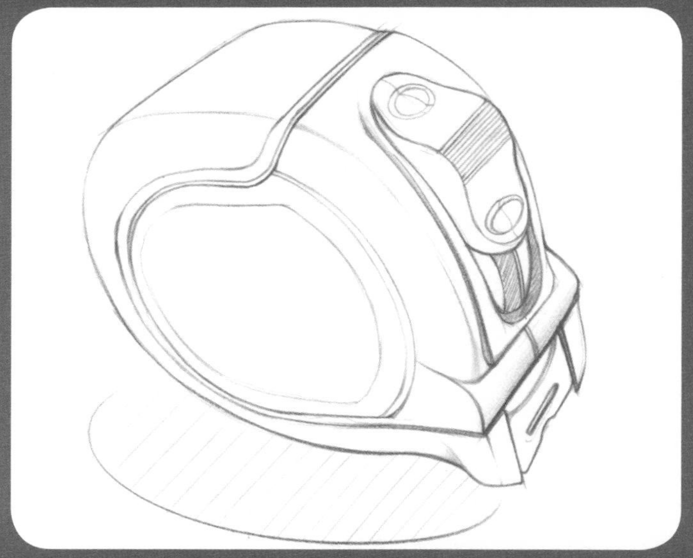

这是一些近期绘制的卷尺草图，主要的造型以圆为基调，增加一些曲面连接。绘制卷尺花费了大量的时间，因为圆形的透视很难表现，所以需要多加练习。

Cartographical Sketching of Tape
Designer: Xu haihao
Times: 2014-3

几张线条图

卷尺创新设计
Volume ruler innovative design

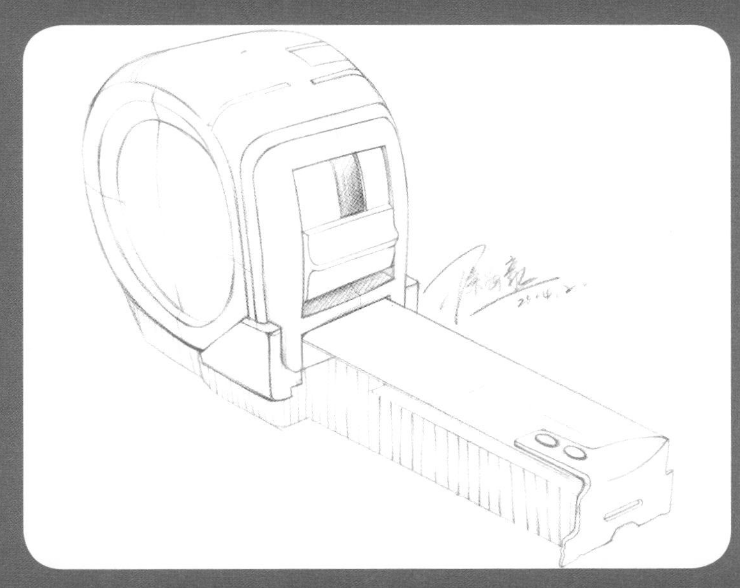

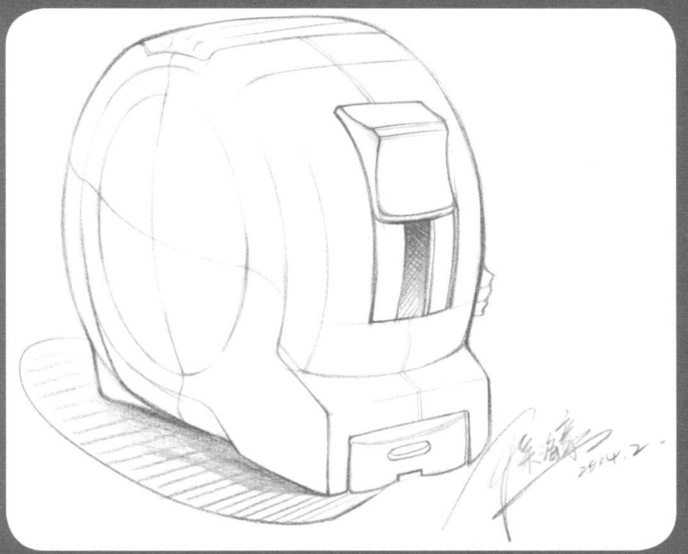

在注重线条表达的同时，不要忘记了产品的设计，或许是纯粹的造型设计，也有可能是从功能的角度出发。
在接下来的几个具体卷尺设计中，我会逐一告诉大家，如何将机械、死板的测量工具，变得灵活、亲切、新潮。

Cartographical Sketching of Tape
Designer: Xu haihao
Times: 2014-3

产品原图临摹

卷尺创新设计
Volume ruler innovative design

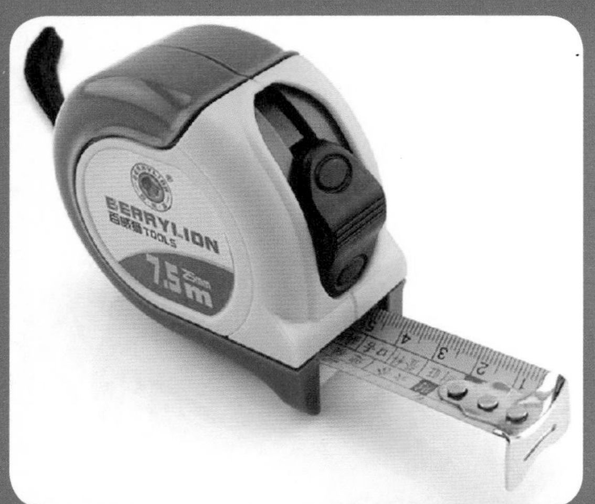

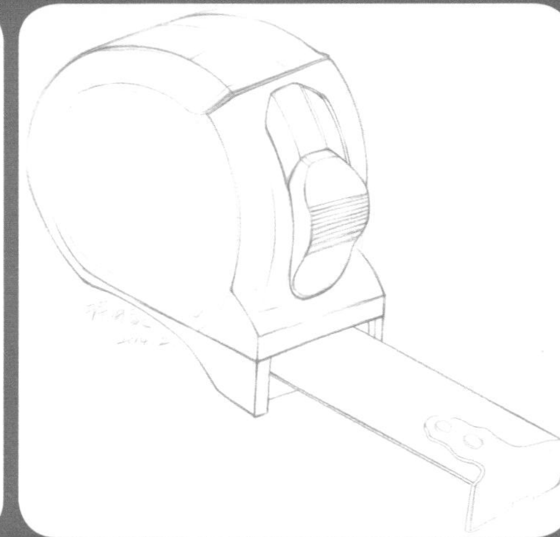

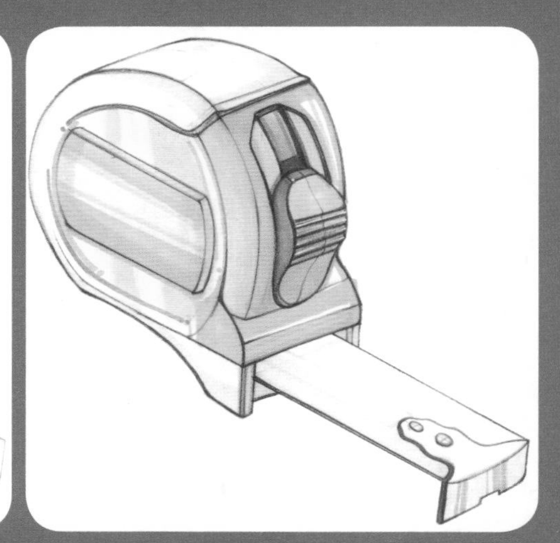

Mechanical products can also have rich color

机械产品也可以有丰富的色彩

在产品设计中，除了本身的造型设计很重要以外，色彩搭配也是值得我们认真思索的事情。很多产品在设计初期会根据该产品的用途和所选用的材质来进行模板式的颜色搭配，例如：手电钻，根据它的用途属性，设计师通常会把它表现得比较刚强，硬朗，具有杀伤力，因此选用一些灰色系列和深色系列进行搭配组合。

但随着设计潮流的变革和人们对身边使用的产品的要求逐渐提高，设计师开始更多地从人心和情感两个方向来进行大胆的尝试。这把色彩鲜亮的卷尺就是一个很好的例子，橄榄绿和柠檬黄的色彩搭配瞬间打破了机械测量卷尺的那种呆板机械化的形象，使其看起来更像是一个可爱的玩具，从而增进了与用户之间的亲近感。

设计概念溯源

卷尺创新设计
Volume ruler innovative design

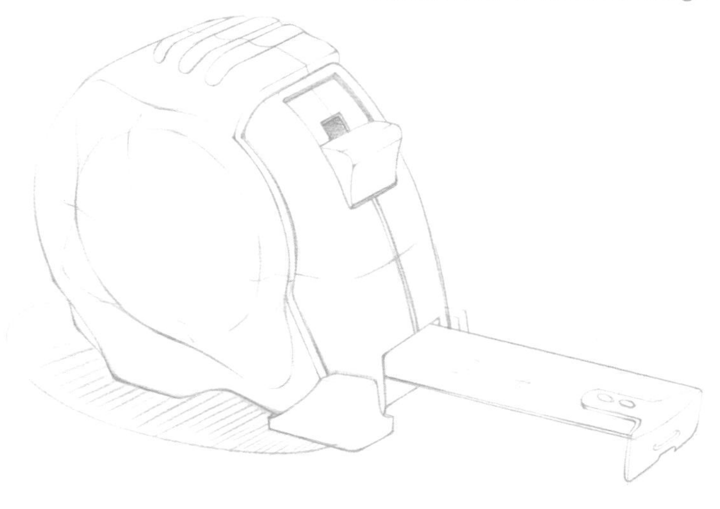

Cartographical Sketching of Tape
Designer: Xu haihao
Times: 2014-3

Bionics Design

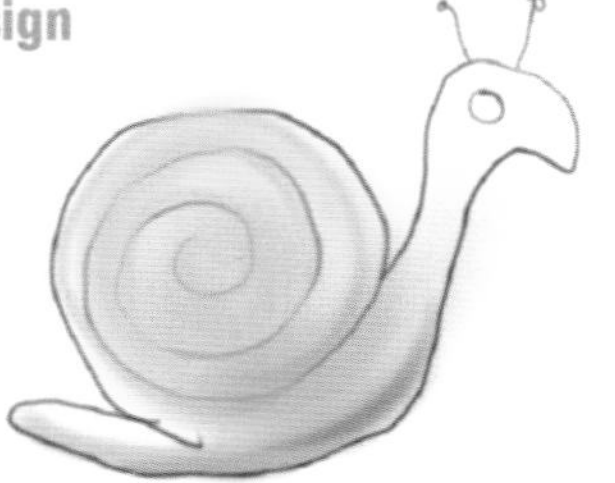

Nature
Idea
Snail

abstract

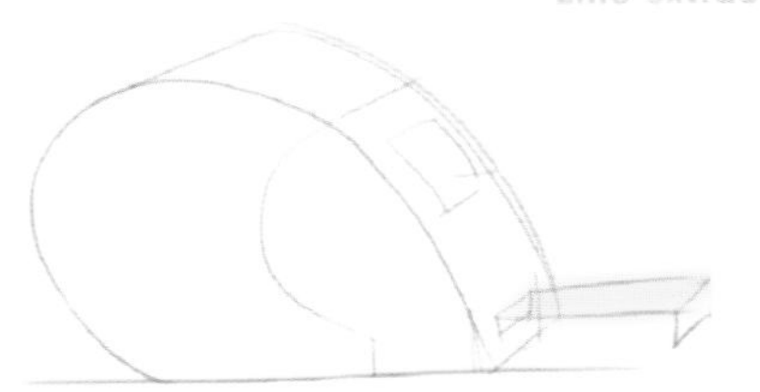

Line extraction

FAMILY TOOLS LIST

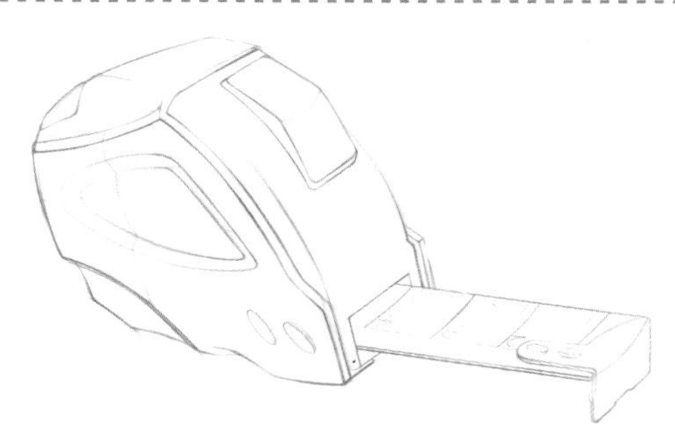

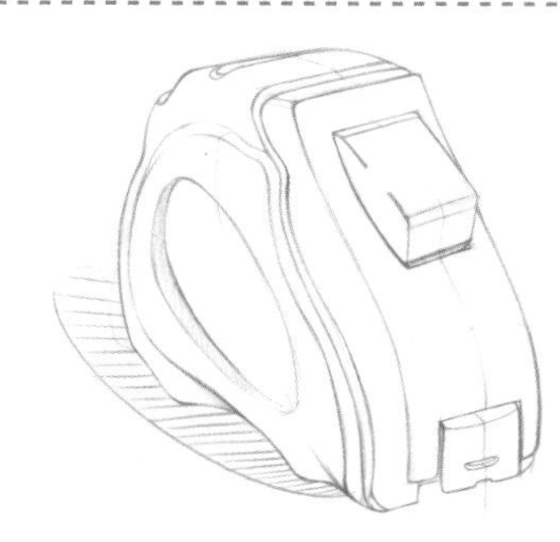

设计概念溯源

卷尺创新设计

Volume ruler innovative design

Cartographical Sketching of Tape

Designer: Xu haihao

Times: 2014-3

■这款卷尺的造型突破性大，打破人们传统思想中的圆形结构，将其巧妙包裹在异形中，给人一种全新的视觉体验。

■■在绘画过程中需要仔细观察卷尺的结构走向，将其清楚地表现出来，不要含糊不清。

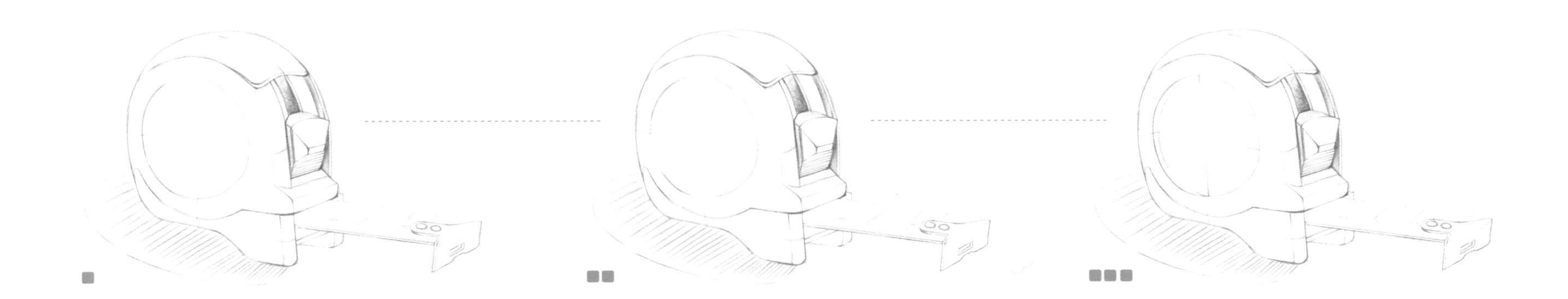

设计概念溯源

卷尺创新设计
Volume ruler innovative design
Cartographical Sketching of Tape
Designer: Xu haihao
Times: 2014-3

细节表达

卷尺创新设计

Volume ruler innovative design

Cartographical Sketching of Tape

Designer: Xu haihao

Times: 2014-3

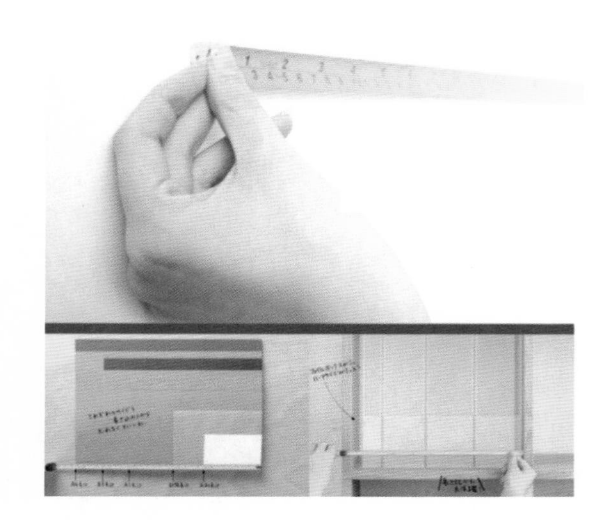

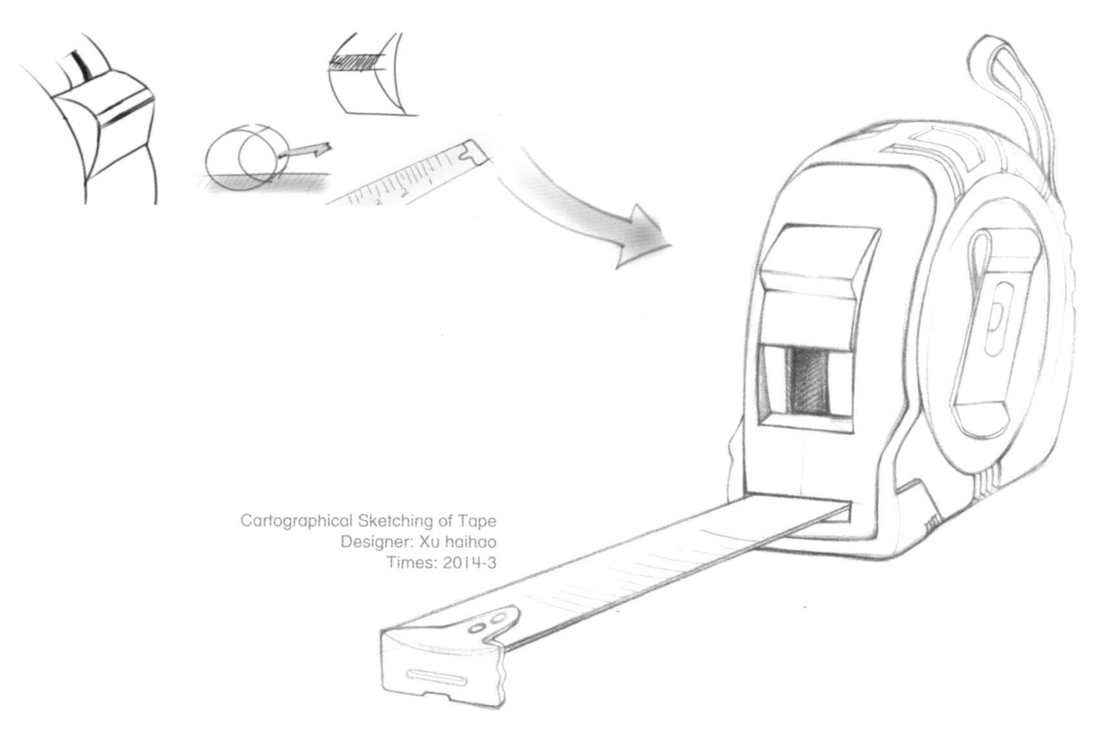

Cartographical Sketching of Tape

Designer: Xu haihao

Times: 2014-3

柔 · 轻

Soft·Leichtigkeit

家居生活中，测量工具必不可少，而市场上很多充满机械感的卷尺产品却让人望而却步。这款卷尺用其小巧的身躯和简单的造型在市场中独挡一面，整体造型比较圆润，让人感觉容易亲近。

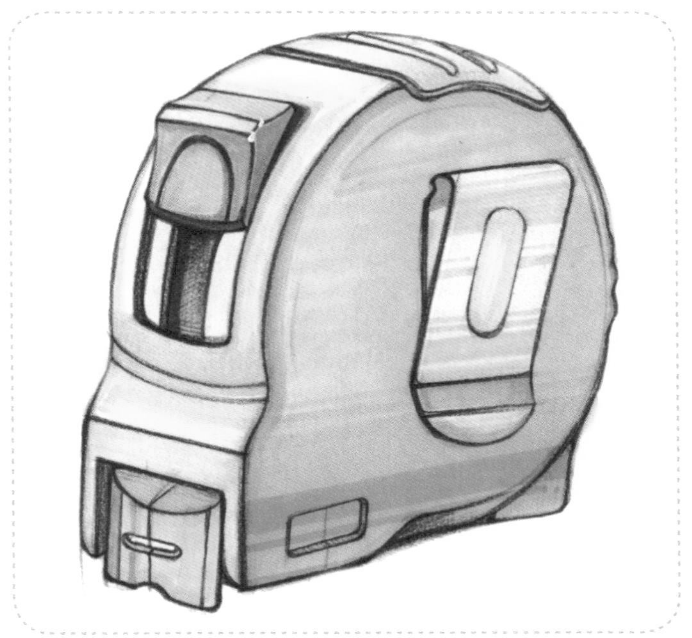

Cartographical Sketching of Tape
Designer: Xu haihao
Times: 2014-3

卷尺创意思维发散

卷尺创新设计
Volume ruler innovative design

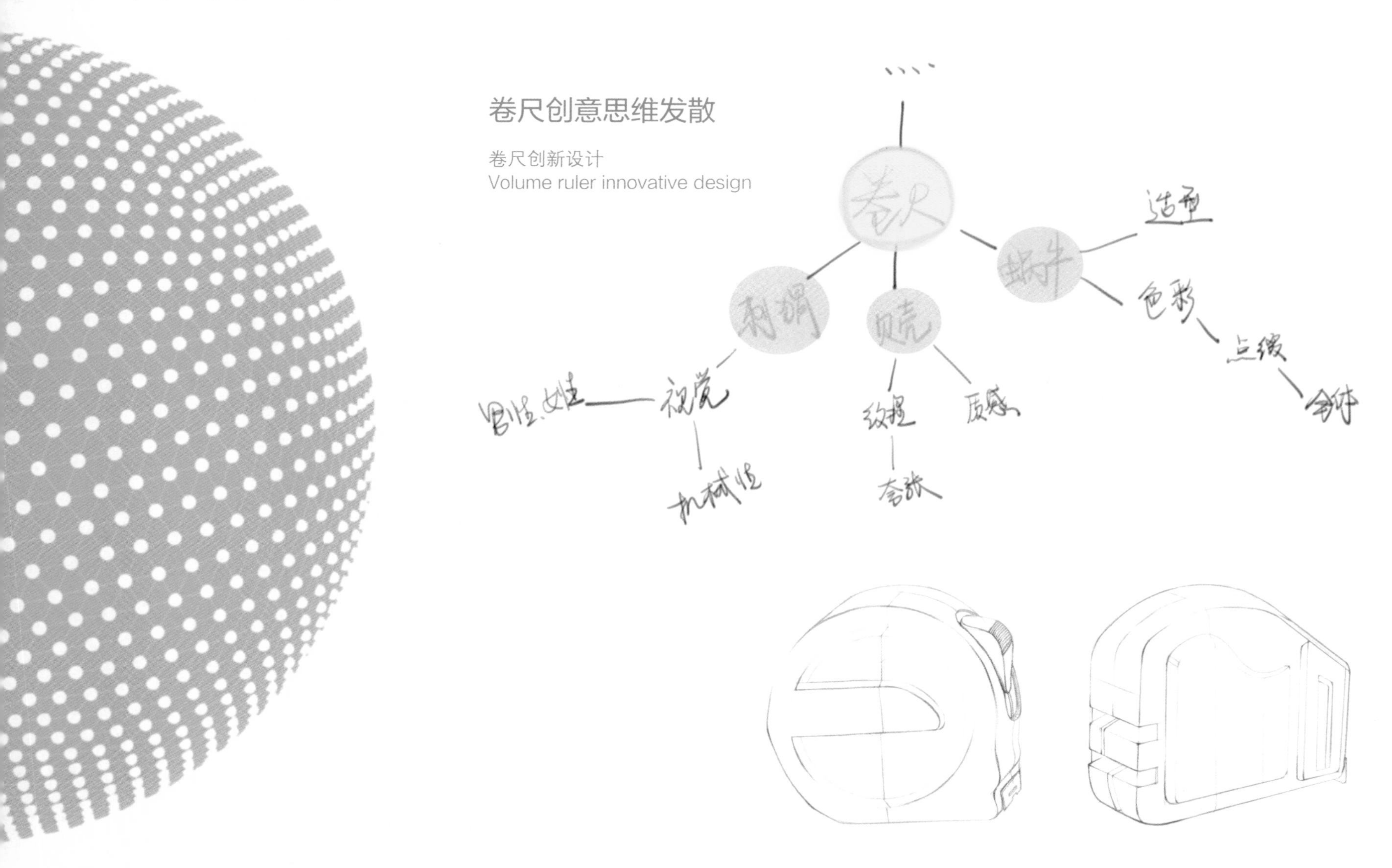

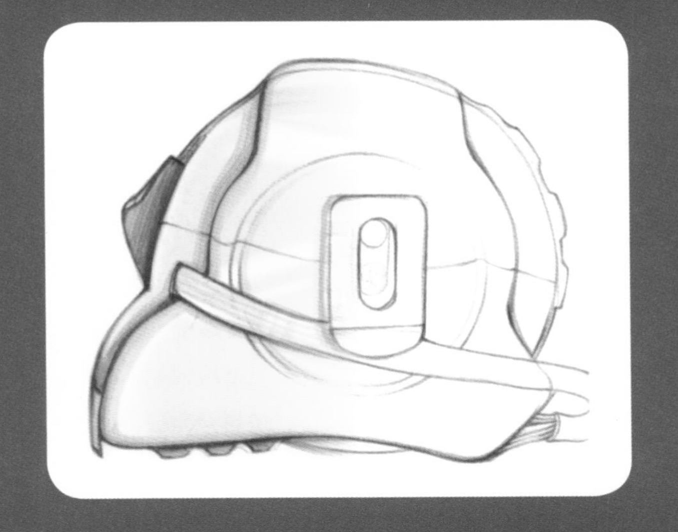

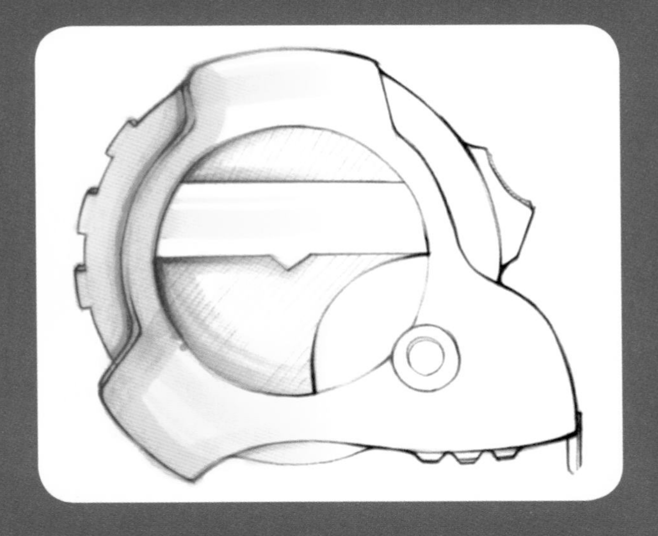

Cartographical Sketching of Tape
Designer: Xu haihao
Times: 2014-3

1. A cute little hedgehog prototype design
2. Use the bright color，joy to the user

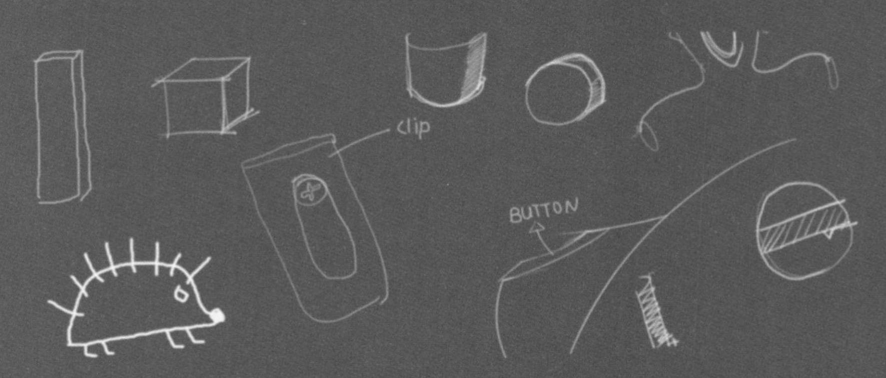

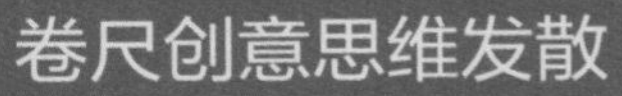

卷尺创意思维发散

卷尺创新设计
Volume ruler innovative design

TAPE Elderly people design
基于老年人的卷尺设计

产品种类基于人群多样性的细分是一种趋势。对不同年龄段的人进行行为研究，根据他们的特点进行产品研究，根据他们的特点进行相应的产品设计，这不仅为企业带来更多的利益，同时也为设计师带来灵感。

卷尺创意思维发散

卷尺创新设计
Volume ruler innovative design

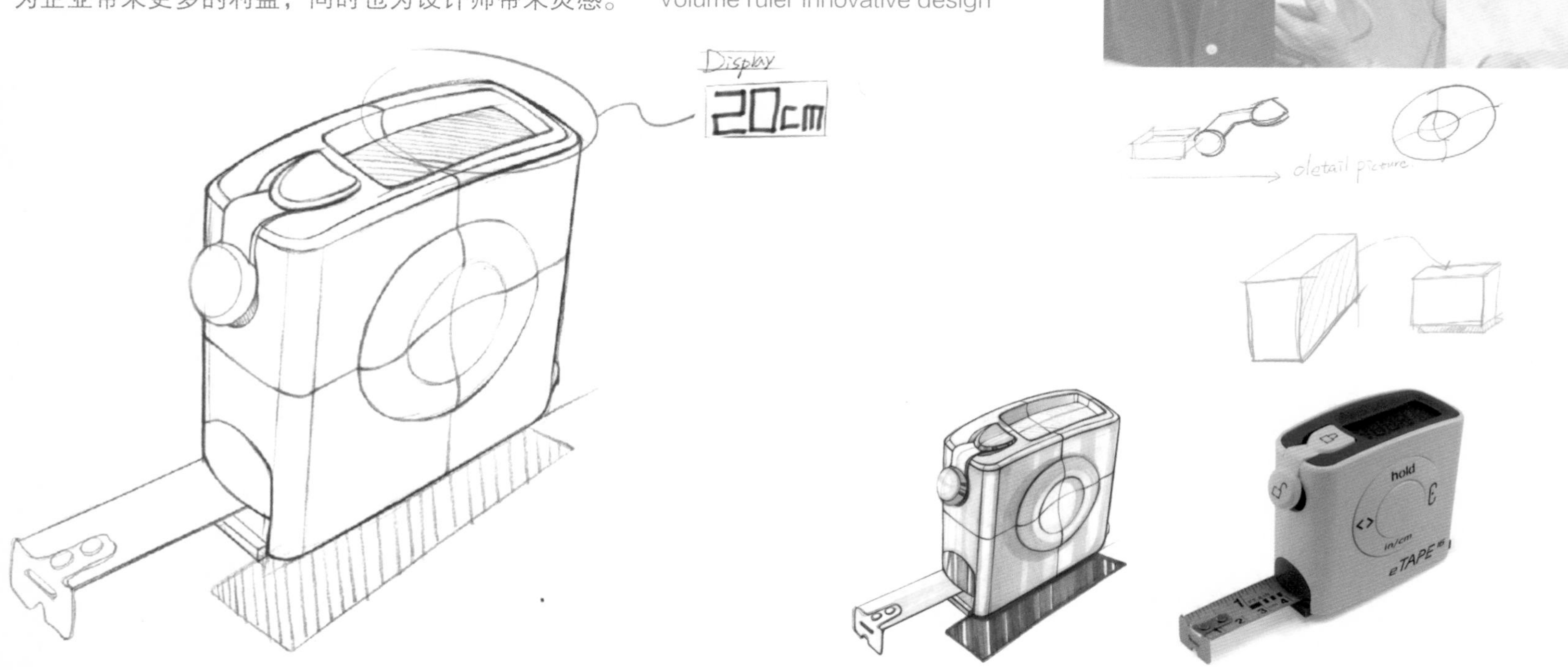

TAPE
THE
CREATION
卷尺创作

卷尺创作形态发想图

卷尺创新设计
Volume ruler innovative design

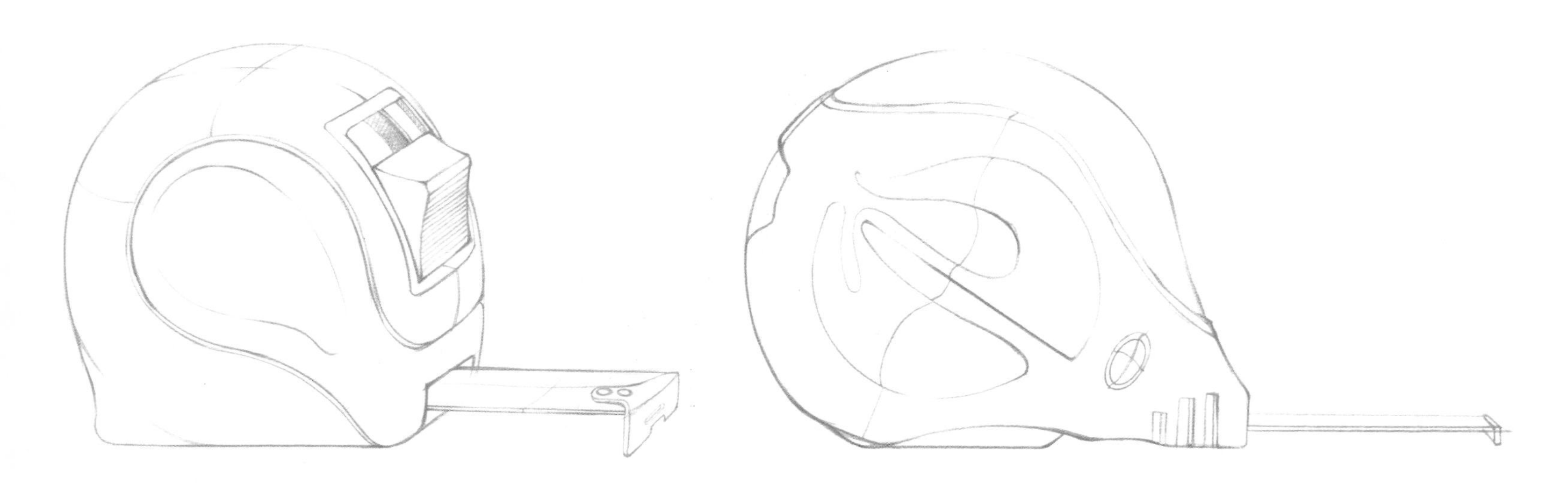

Cartographical Sketching of Tape
Designer: Xu haihao
Times: 2014-3

在这个推陈创新的年代，我们只有通过创造与交流来认识我们的世界。好的认识和发现，会让我们感到喜悦和骄傲。

Ring·戒指

Cartographical Sketching of Tape
Designer: Xu haihao
Times: 2014-3

情趣化设计也是产品设计中的新生代宠儿，给一个机械感强烈的卷尺加入情感化的元素——“戒指”，来表达幸福的家庭可以用生命的长度来诠释，提炼戒指的造型传达夫妻俩用测量，开始装修他们全新的家。

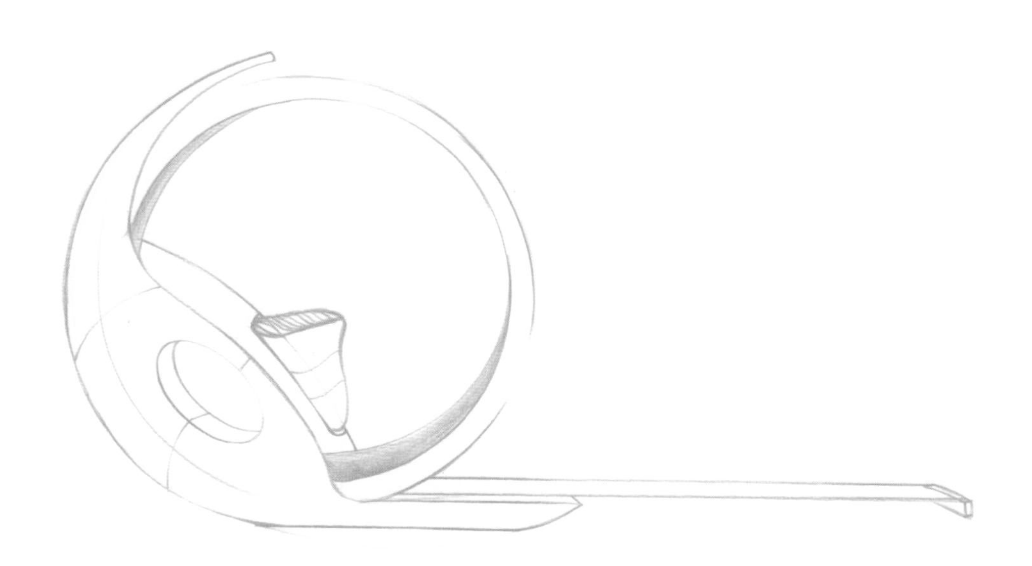

作为设计师我希望大家都有“两把尺子”，一把是我们做设计时需要测量的尺子，一把是用来测量我们人生的尺子。
莫棋凯 /Kevin

卷尺创作 2D 效果图

卷尺创新设计
Volume ruler innovative design

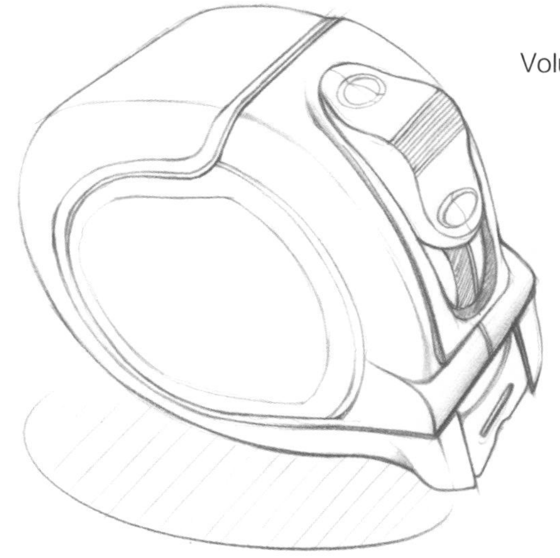

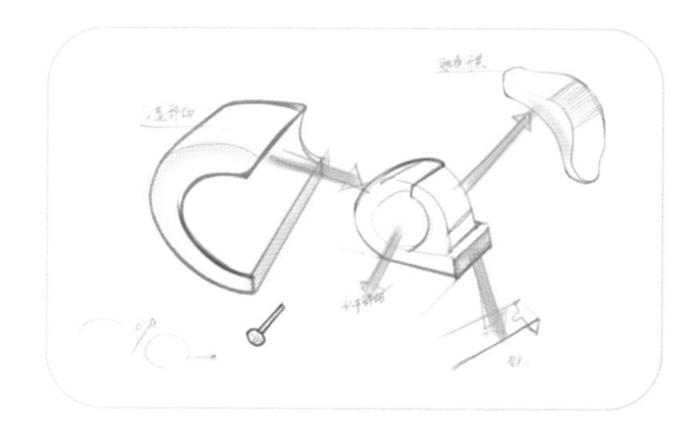

米斯·凡德洛提出，“少即是多”。在这款卷尺设计中，剔除那些纯粹的装饰造型，简洁的银灰色显得更有质感。

卷尺创作 2D 效果图

卷尺创新设计
Volume ruler innovative design

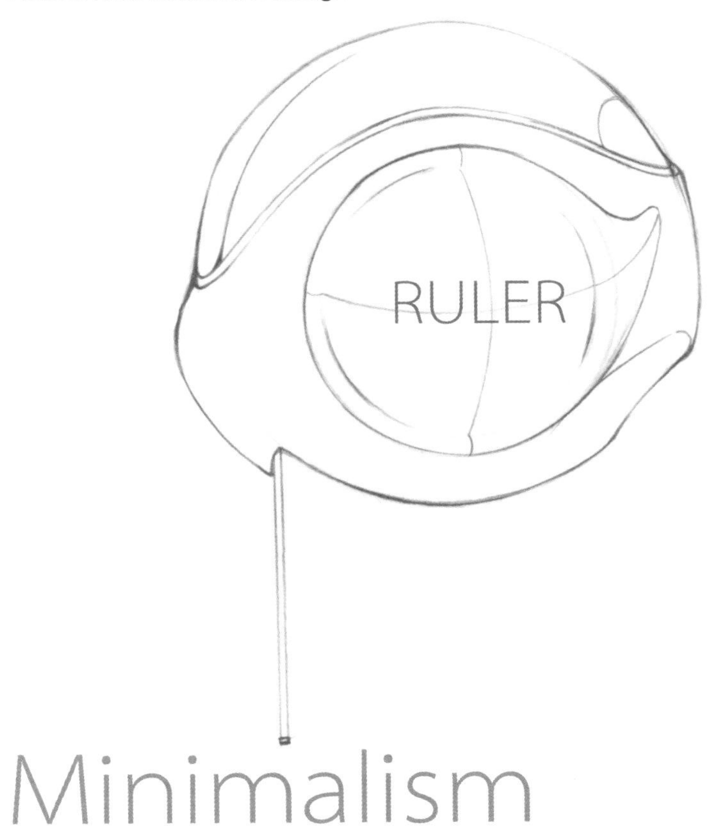

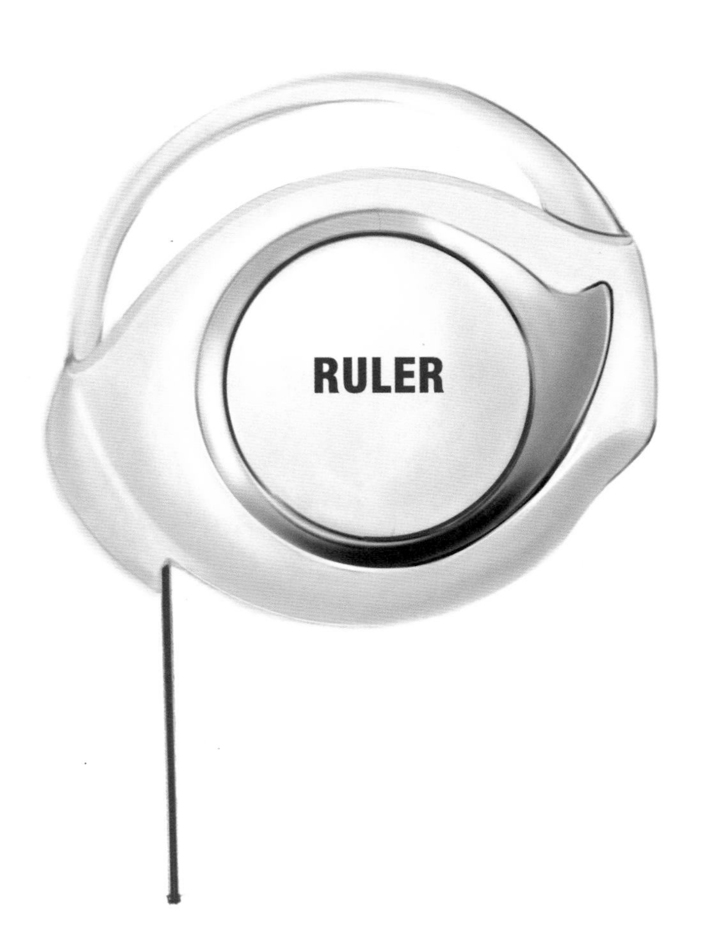

Sketching expression of mouse

案例三　鼠标创新设计与表达

本章以鼠标为实例，主要从产品临摹、头脑风暴，以及产品创作三个方面讲解手绘线条的表现技法。该内容包括产品的大体形态、透视、线条的流畅性、结构线、阴影、细节等方面的心得感受，为你我共同的进步做一些必要的交流。

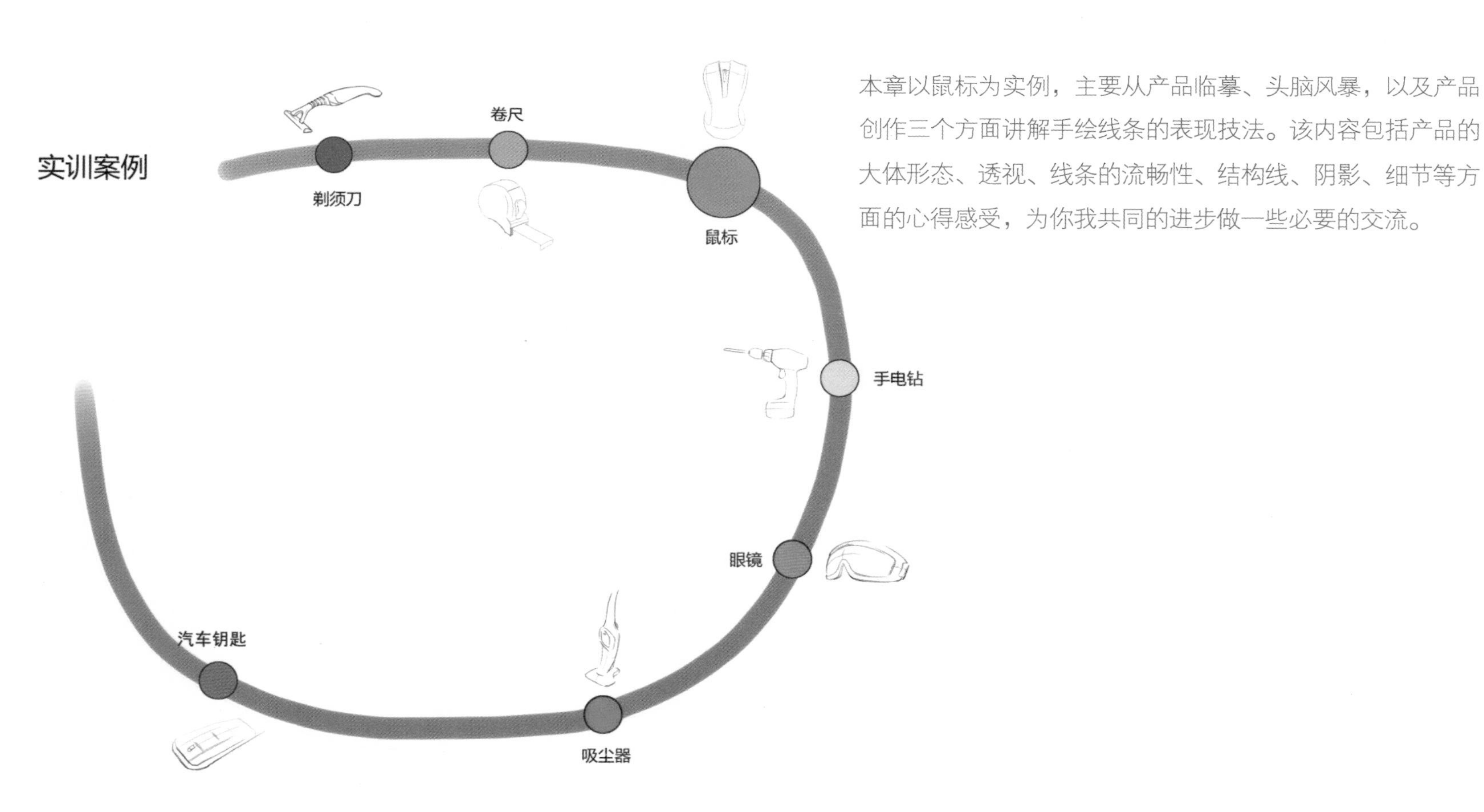

头脑风暴
Brainstorming

设计师们喜欢用铅笔迅速记录自己头脑中转瞬即逝的灵感。他们普遍认为，以这种方式在一张图纸上重复绘制比单独一张一张绘制草图的速度更快、更流畅，并且更容易发现和比较每个设计的区别。这种充满趣味、无拘无束地绘制草图的过程，通常运用于设计前期的头脑风暴。

Where does your inspiration come from

产品原图临摹

鼠标创新设计与表达
Sketching expression of mouse

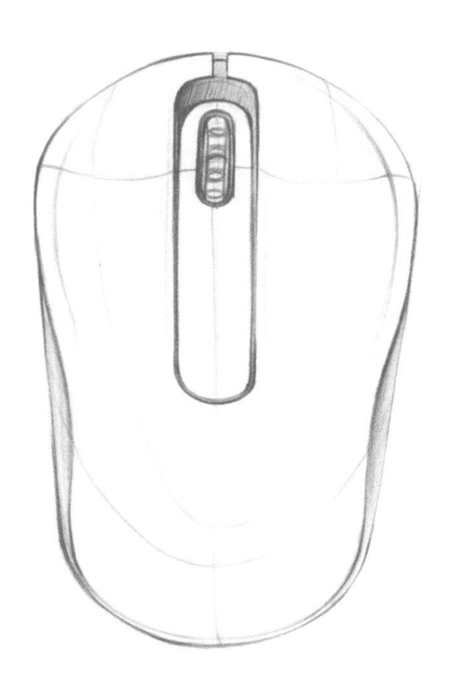

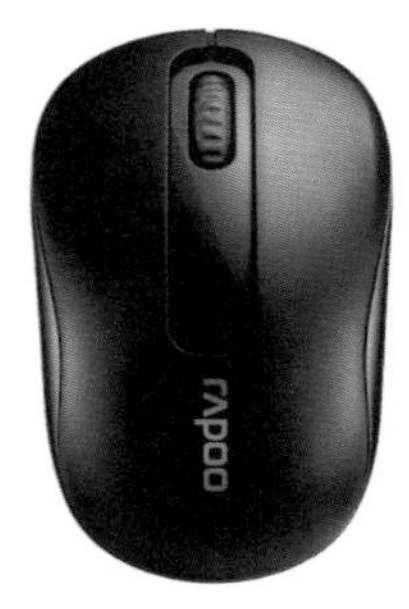

NAME: Yinjin
TIME : 2014-2

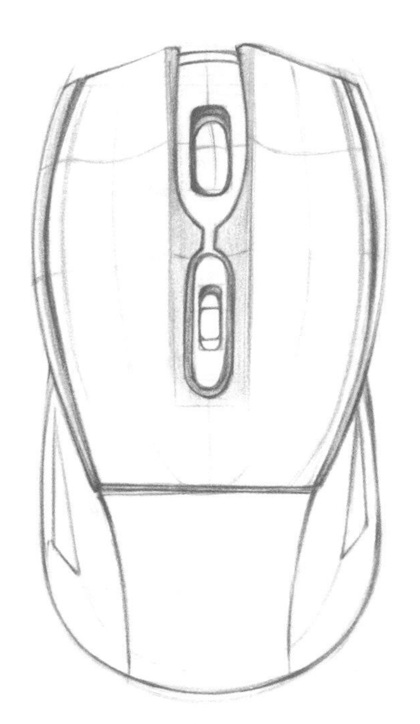

NAME: Yinjin
TIME : 2014-2

IT'S MY ANSWER:

我采用最笨的积累素材的办法，就是临摹。通过大量临摹已有鼠标的造型，来增强头脑中鼠标的形态意识并以此激发创作灵感。

大体造型的把握
assurance ability to the modelling

学习手绘表达效果图，也和学习其他艺术一样，有一个由浅入深、由简单到复杂的过程。临摹简单的鼠标视角，把握住大体造型是很重要的。

产品原图临摹

鼠标创新设计与表达
Sketching expression of mouse

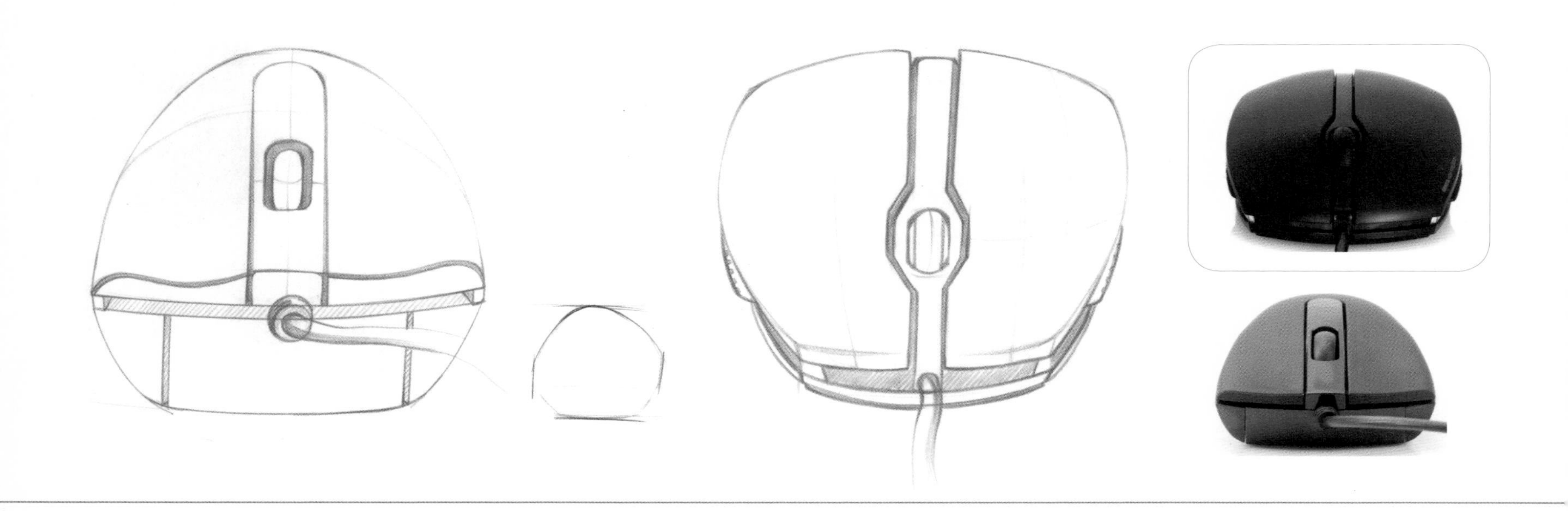

大体造型的把握
assurance ability to the modelling

在绘制鼠标大体形态时，可以借助辅助线把握产品的长宽比例。产品的情感化表达都是由其造型决定的，因此一定要表现准确。

产品原图临摹

鼠标创新设计与表达
Sketching expression of mouse

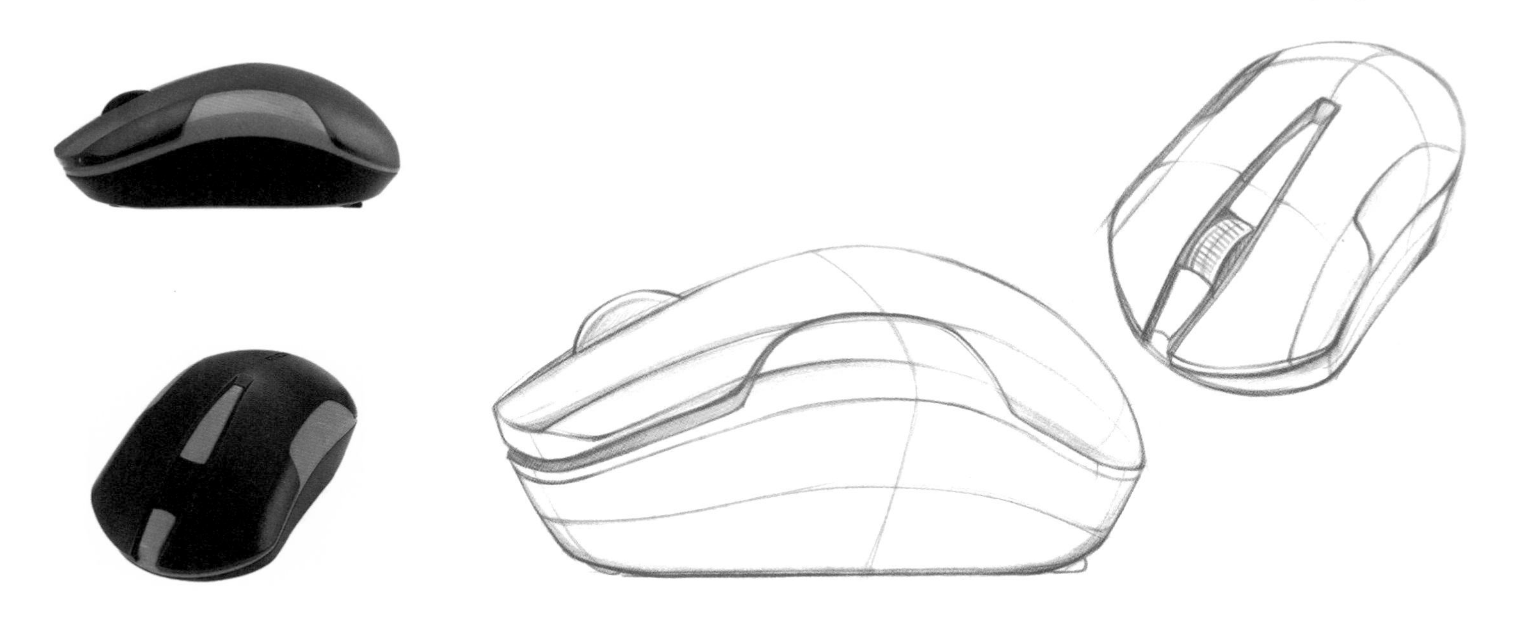

一个简单的形体，将它们表现在图上时往往只有几根线条，但是一笔一画之间却包含着诸多的意义：结构、比例、透视、光影，等等。相互关系有时候是极其复杂的，这些相互关系也就决定了整体的造型是否美观、正确。因此，注意要有目的地去画，认真对待每一根条线，在理解的基础上去画，明白每根线存在的意义。

产品原图临摹

鼠标创新设计与表达
Sketching expression of mouse

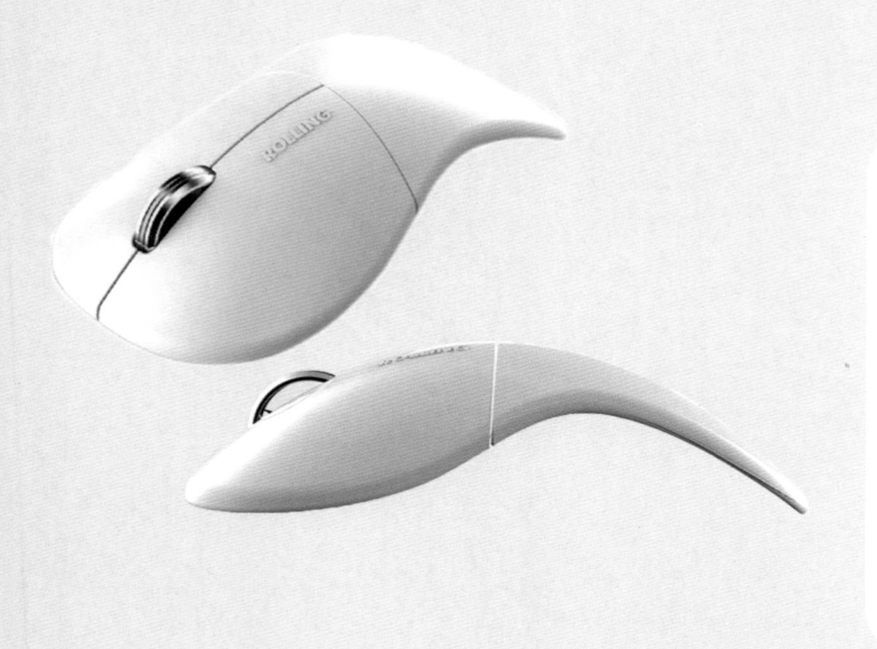

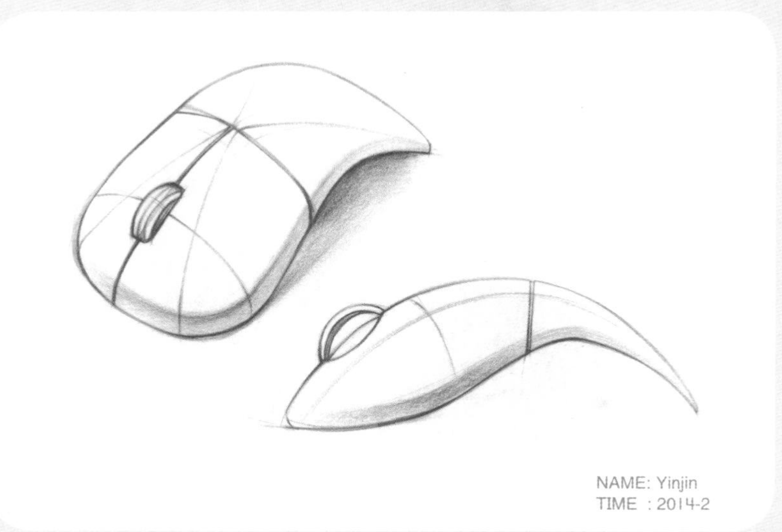

如何绘制流畅、快轻稳的线条

注意起笔时手腕不要抖动，要与手臂一致。绘制线条下笔之前可以先来回拉动两下，一条线没有画完之前不要急于收笔。
大量地练习手绘，从中慢慢熟悉如何掌握线条的走向。

产品原图临摹

鼠标创新设计与表达
Sketching expression of mouse

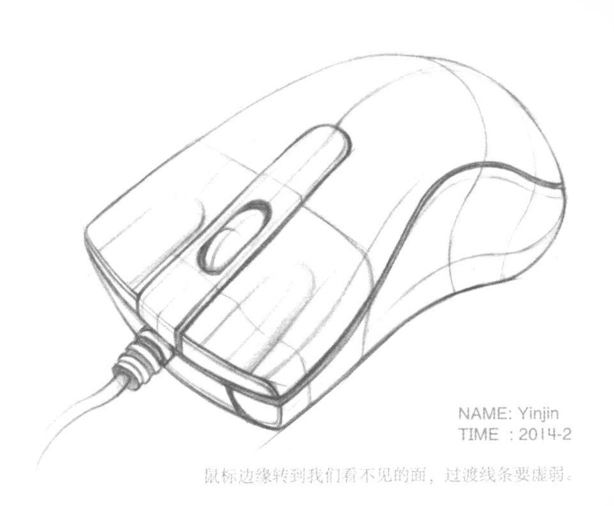

鼠标边缘转到我们看不见的面，过渡线条要虚弱。

如何绘制线条使产品更生动

把握线条在产品中的虚实关系，处理好线条的轻重关系，适当地简化产品的造型，千万不要照着实物图按部就班地画。利用好结构线这一"工具"，这种工具可以使造型更加有立体感，并且可以帮助我们整理造型。

产品原图临摹

鼠标创新设计与表达
Sketching expression of mouse

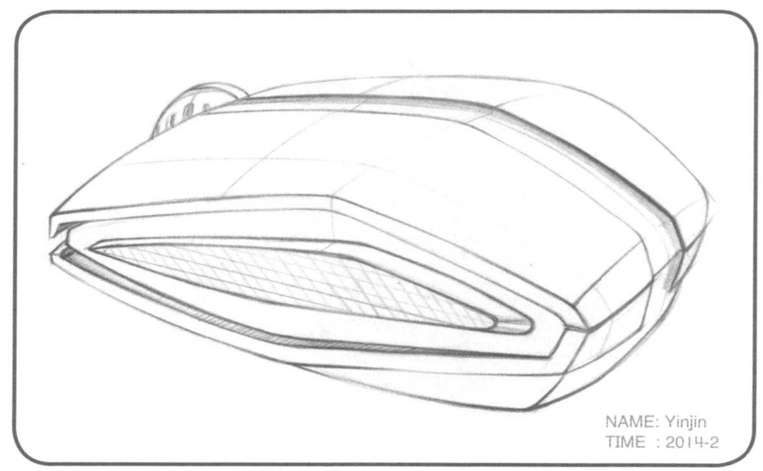

关于结构线

About structure line

在关键位置加入一些必要的结构线，表现的线条不必深于描绘鼠标的轮廓线，目的在于使产品的结构和造型看上去更清晰，还可以省略某些复杂的暗面和细节部分的绘制，达到简化鼠标造型的效果。

产品原图临摹

鼠标创新设计与表达
Sketching expression of mouse

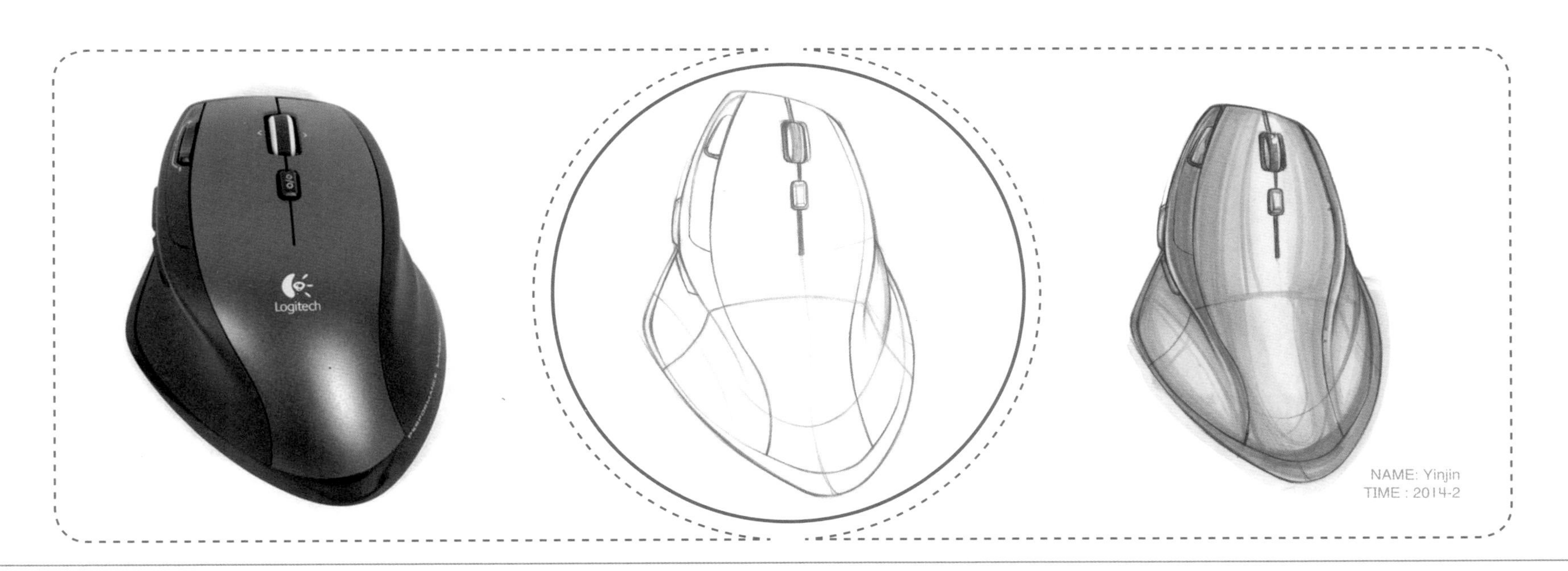

上颜色时，线条的走向要符合鼠标的结构，光感也要顺着产品的结构来统一表现。这样绘制增强了鼠标的光感和层次感，使得产品更加立体、真实。

产品原图临摹

鼠标创新设计与表达
Sketching expression of mouse

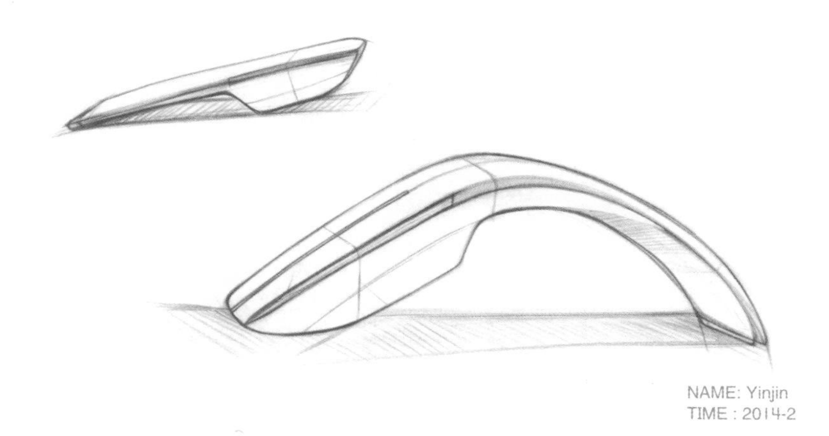

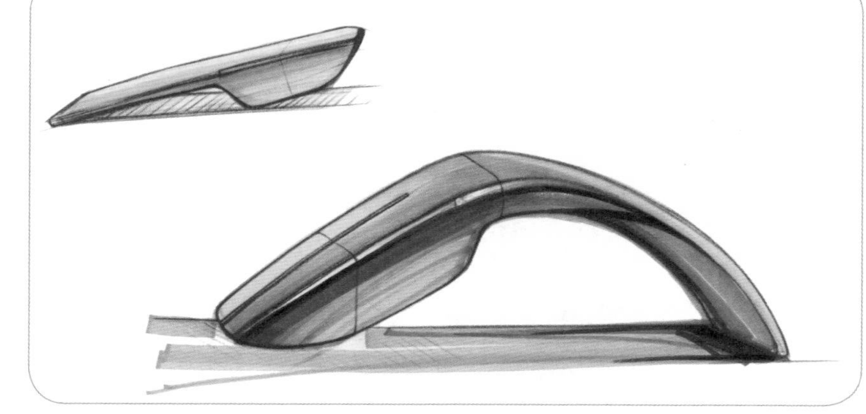

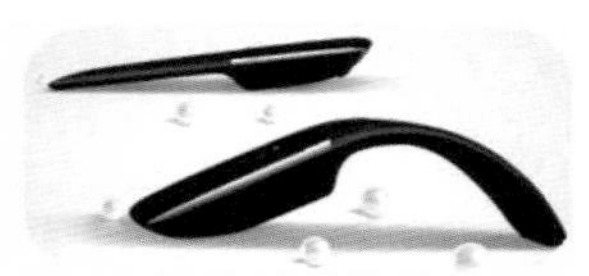

和大家一样，掌握大体形态并能加入结构线后，黑灰铅笔手绘不能满足我们的视觉需求了，我开始急于尝试着为鼠标上色。但有一点必须明确“先画好形,画好到一定程度了再练习上色”。形体是骨架，色彩是血肉。只有把骨架画准确后，色彩才能起到润色的作用。

产品原图临摹

鼠标创新设计与表达
Sketching expression of mouse

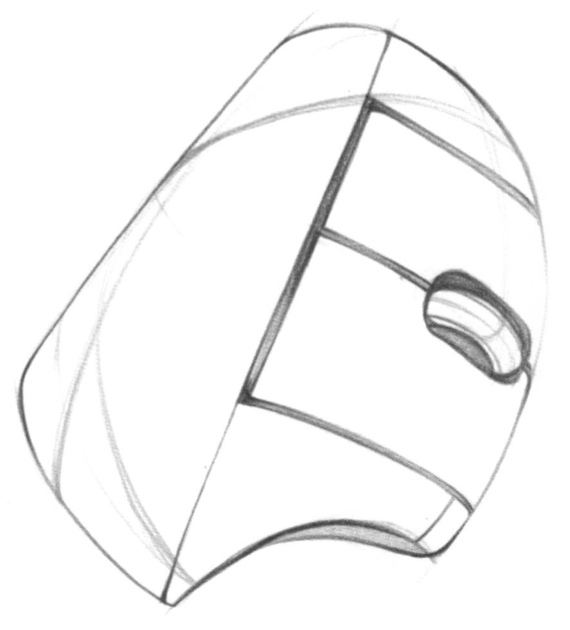

Color products show

把握好按键间隙线条的虚实，体现间隙的空间感。用来表现光的线条要顺着结构走，为了使得面的转折更缓和，反光不要画在轮廓线上。

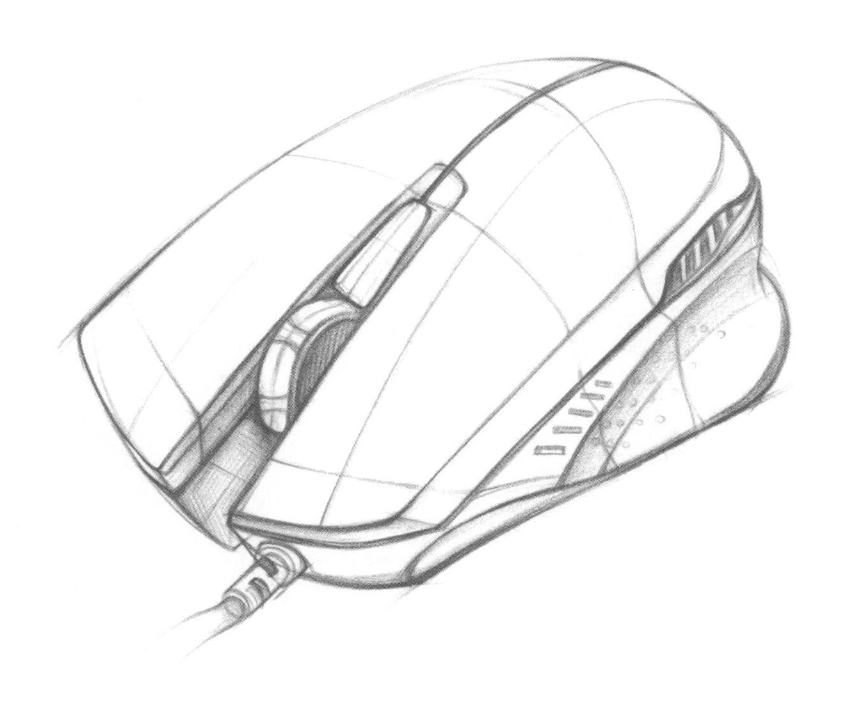

NAME: Yinjin
TIME : 2014-2

产品原图临摹

鼠标创新设计与表达
Sketching expression of mouse

视角的选择

the choice of the view angle

画产品时，尽可能选择富有表现力的视角，目的是优化造型信息。在这个视角的鼠标中你几乎能看到鼠标的所有信息：大小尺寸、比例、按照透视比例收缩大小、滚轮等，这样有利于你去绘制更多的细节。

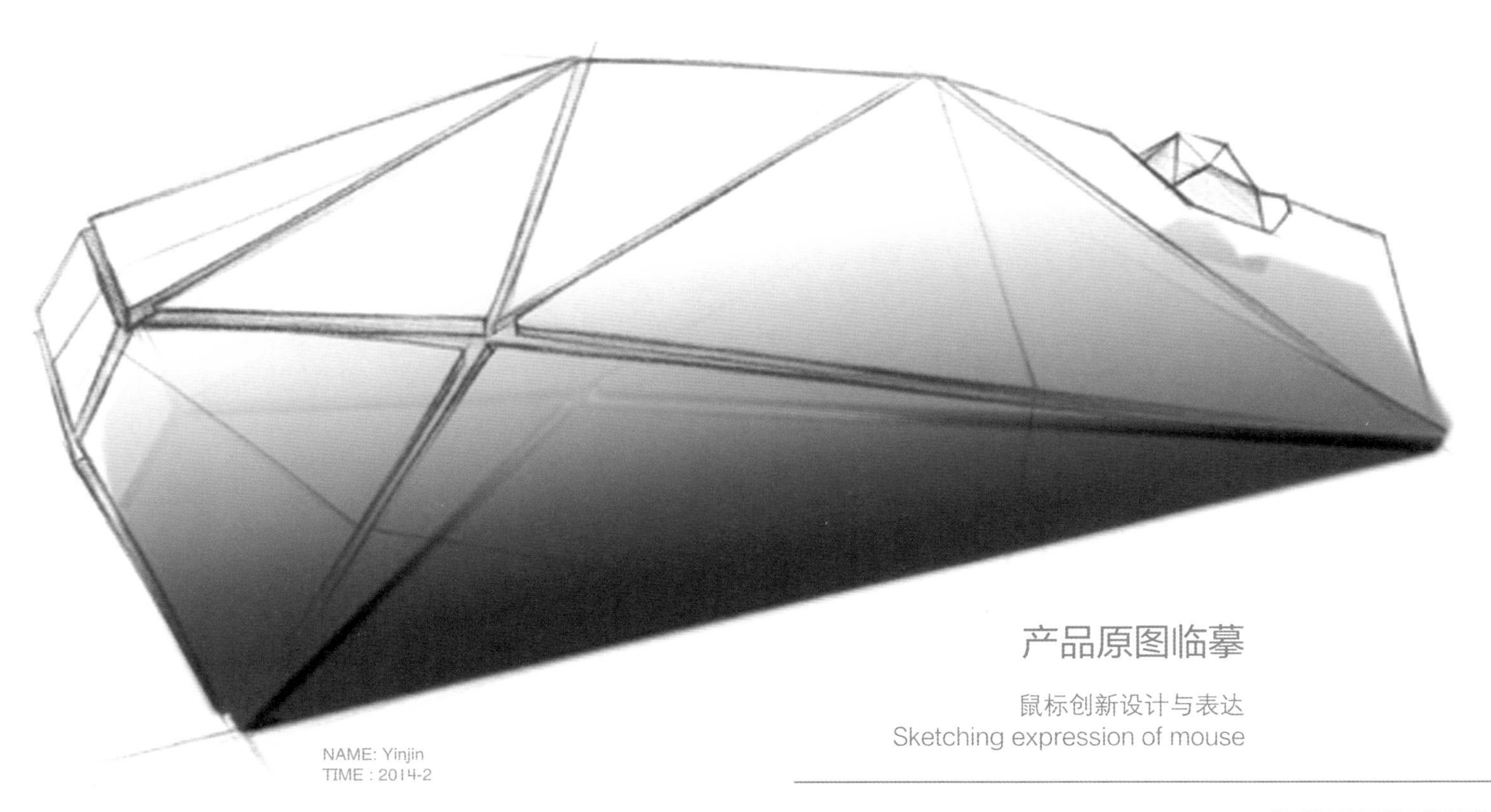

产品原图临摹

鼠标创新设计与表达
Sketching expression of mouse

在临摹大量类似的鼠标造型后，这个异样的造型让我眼前一亮，瞬间打开了我创意的源泉，启发了我后期头脑风暴的灵感。这恰好正是临摹的用意所在。

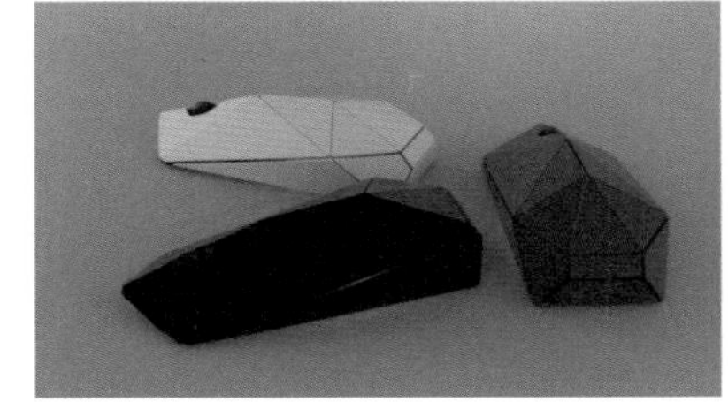

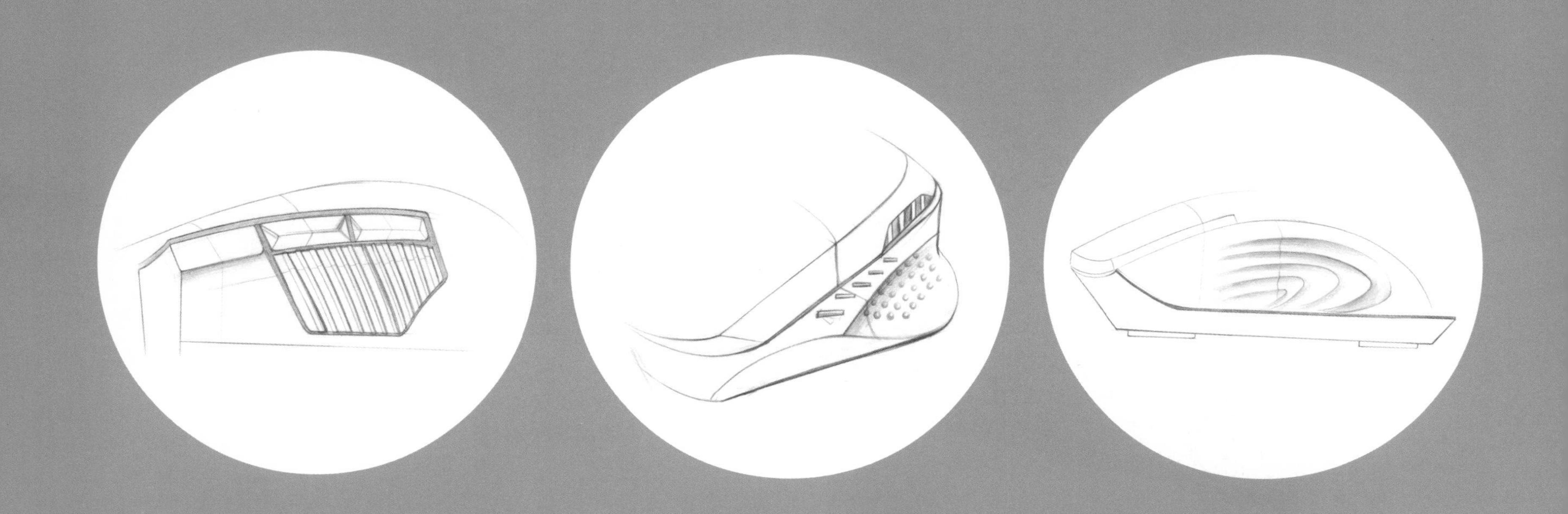

SHOW DETAILS

NAME: Yinjin
TIME : 2014-2

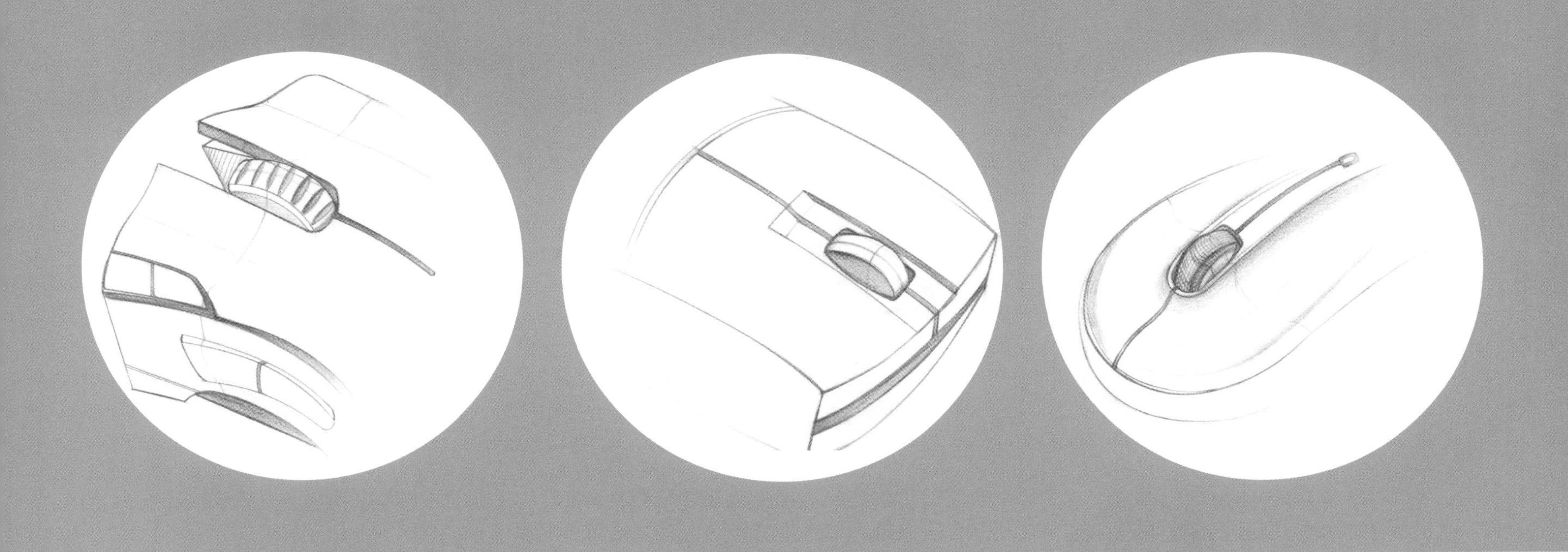

当我在进行设计活动时，考虑设计是为人的设计：人们真正所了解和所爱的设计，不是理论的、市场的。我被这副图深深地吸引，一个男人正在努力地越过他生命中所有的障碍。促使我去创造这一切，我又觉得这一切很令我恐慌。当我在设计的时候，我会首要思考人与人之间的关系。

——康士坦丁·葛切奇

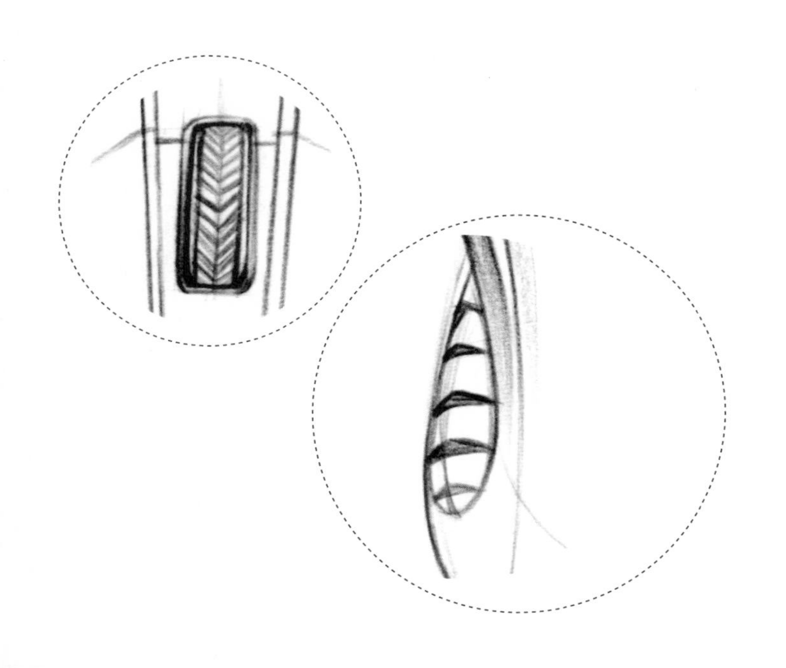

细节表达

鼠标创新设计与表达
Sketching expression of mouse

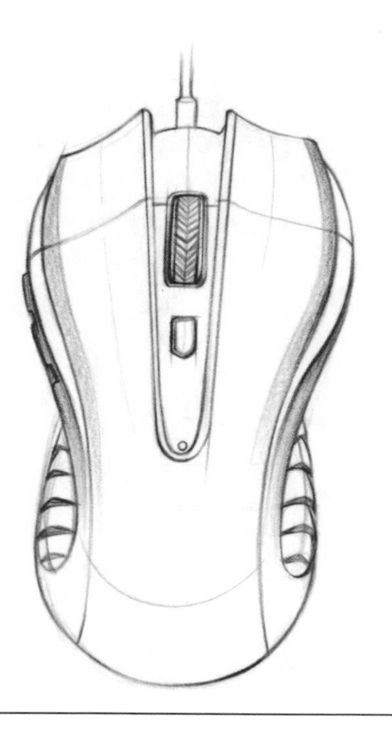

即使是简单的视角，也会有无法驾驭的线条。关于细节，线条的魅力是强大的。滚轮和鼠标尾部的肌理因为线条的粗细不同被展现得淋漓尽致。

细节一：滚轮

滚轮的形绘制精确后，将间隙加深，但并不是一直沿着轮廓线加深。为了形成空间感和透气感，处理间隙的线条要把握好虚实，不能太死板。

细节二：鼠标尾部的肌理结构

离边缘线近的地方线条要清晰，切割面用铅笔涂成一个面，与光滑面形成对比，在关键的转折处画一条结构线，同时也是棱线。

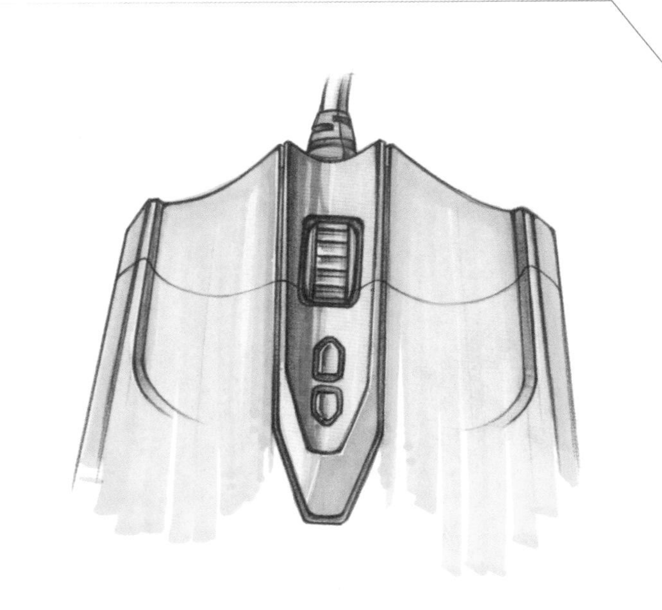

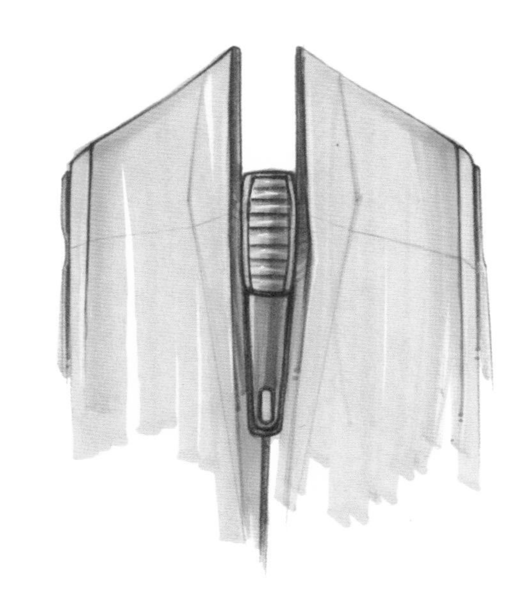

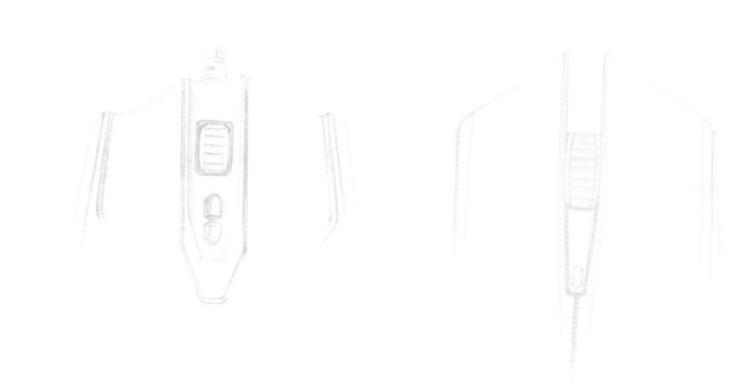

细节表达

鼠标创新设计与表达
Sketching expression of mouse

使用麦克笔最简单的方式就是在物体表面涂平行线条，垂直线会突出表面的垂直走向。

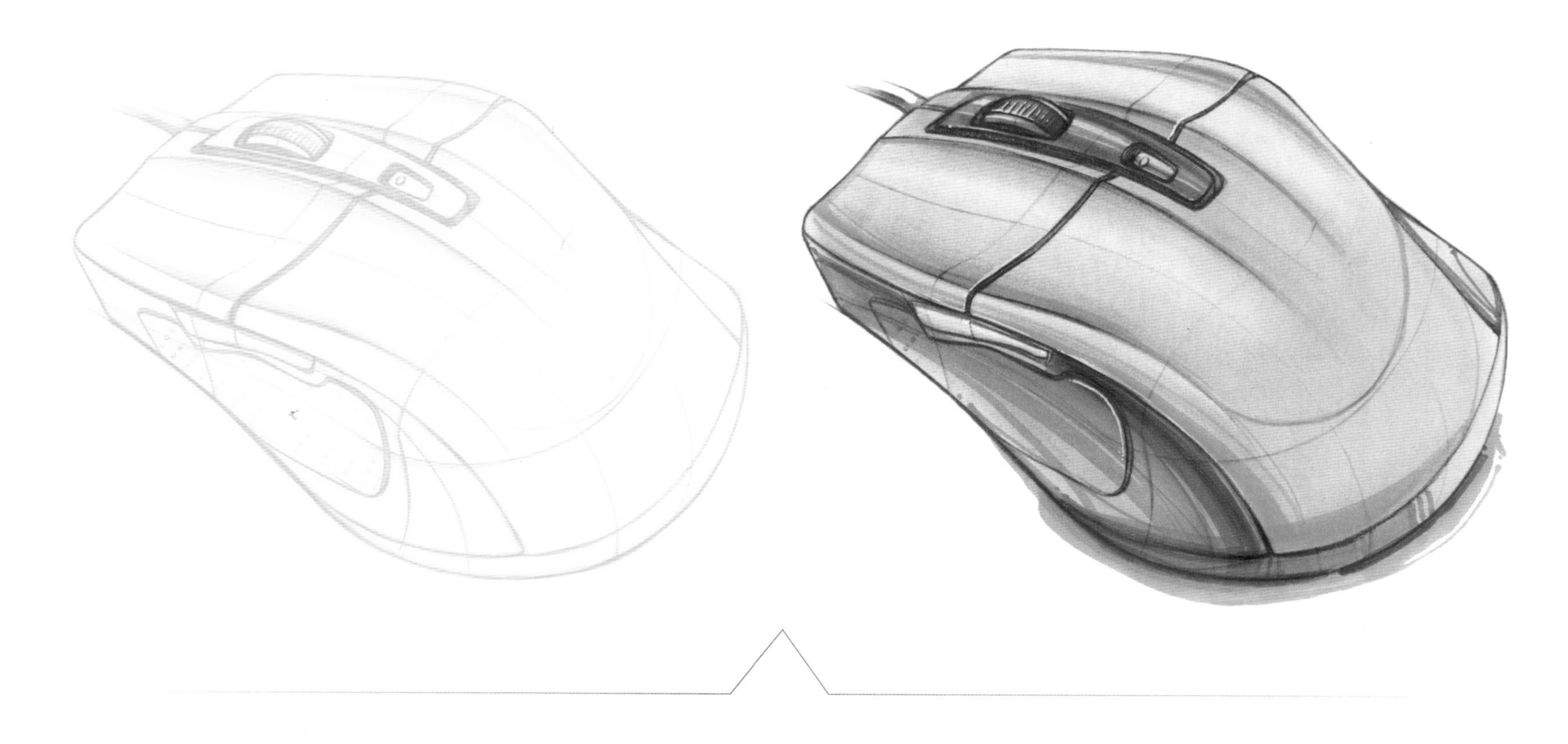

麦克笔上色与 Ps 上色

鼠标创新设计与表达
Sketching expression of mouse

DRAW BY PHOTOSHOP

用 Photoshop 上色时，观察到鼠标的色块主要为灰黑和暗橙红，因此要根据自己的感觉去整体地上色彩，不要照着产品一样的色彩来呆板地绘制。

Ps 上色

鼠标创新设计与表达
Sketching expression of mouse

final presentation

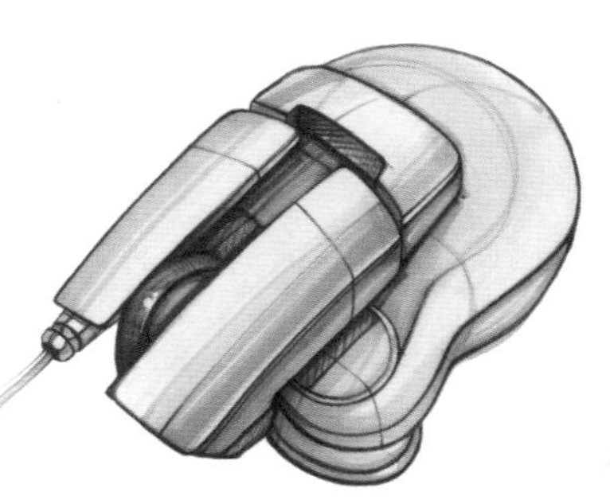

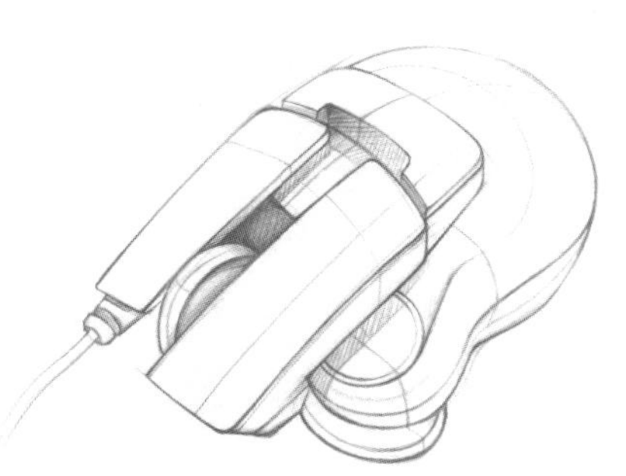

麦克笔上色与 Ps 上色

鼠标创新设计与表达
Sketching expression of mouse

物体的投影
ABOUT SHADOW

绘制投影，先弄明白光源来自于哪里，分析产品的明暗关系，接着投影的位置就比较容易绘制了。以这个鼠标为例，因为光源来自左上角，明暗交界线在相反的地方，因此右下方为投影位置，投影的形状则是根据鼠标的外形和角度来确定的。为了处理好明暗关系和塑造形体的层次感,底部的轮廓线（统称阴影线）应画得比较粗。

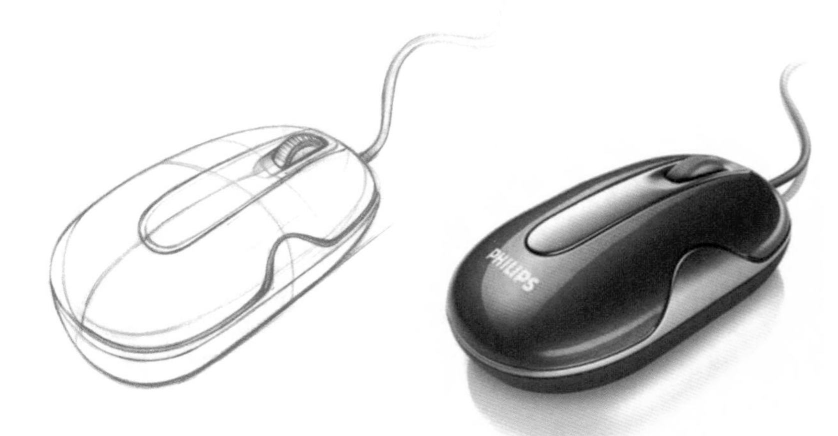

I LOVE create you love sketching

在创意构思阶段，头脑风暴里一些潜在的创意，日后可能会发展成为正真的设计方案。在此之后，每个想法都会有很多“问题”需要解决或优化。

是否想过鼠标和箭头是什么关系？

用手绘表现自己的创新思维

鼠标创新设计与表达
Sketching expression of mouse

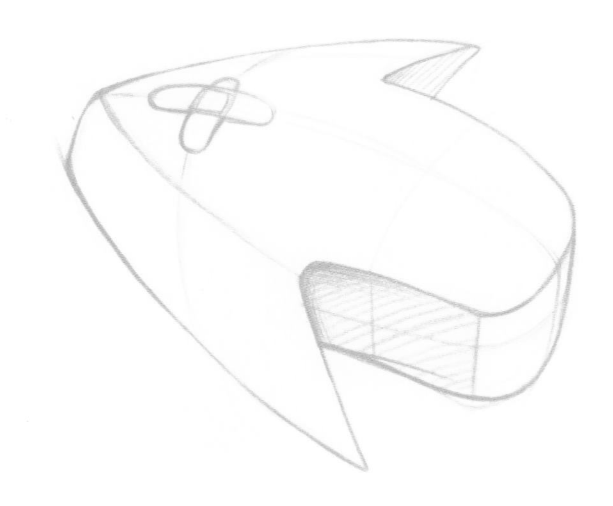

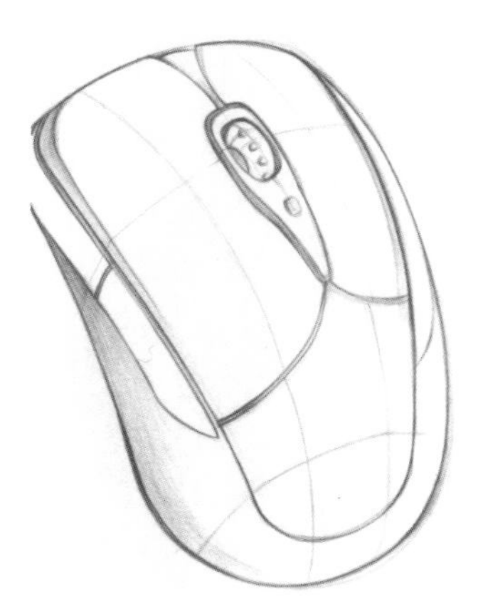

头脑风暴之后，要开始不断修改设计草图，每一根线条的走向都是可以进行设计与创新的元素，不要否定任何一个想法，它将是千万个创意的源头。

用手绘表现自己的创新思维

鼠标创新设计与表达

Sketching expression of mouse

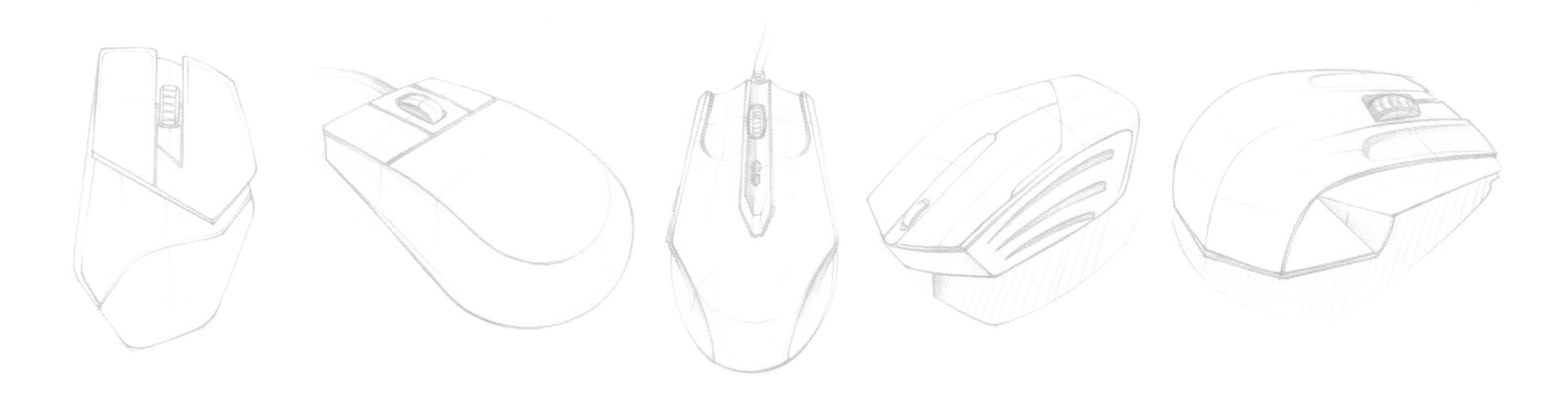

YOU NEED TO DO

完善设计创意过程中，要积极与设计团队进行交流，适当地画一些简易的工程侧视图和分解图。这些图解能展示各个部件之间的关系，有利于别人对设计创意的理解。

用手绘表现自己的创新思维

鼠标创新设计与表达
Sketching expression of mouse

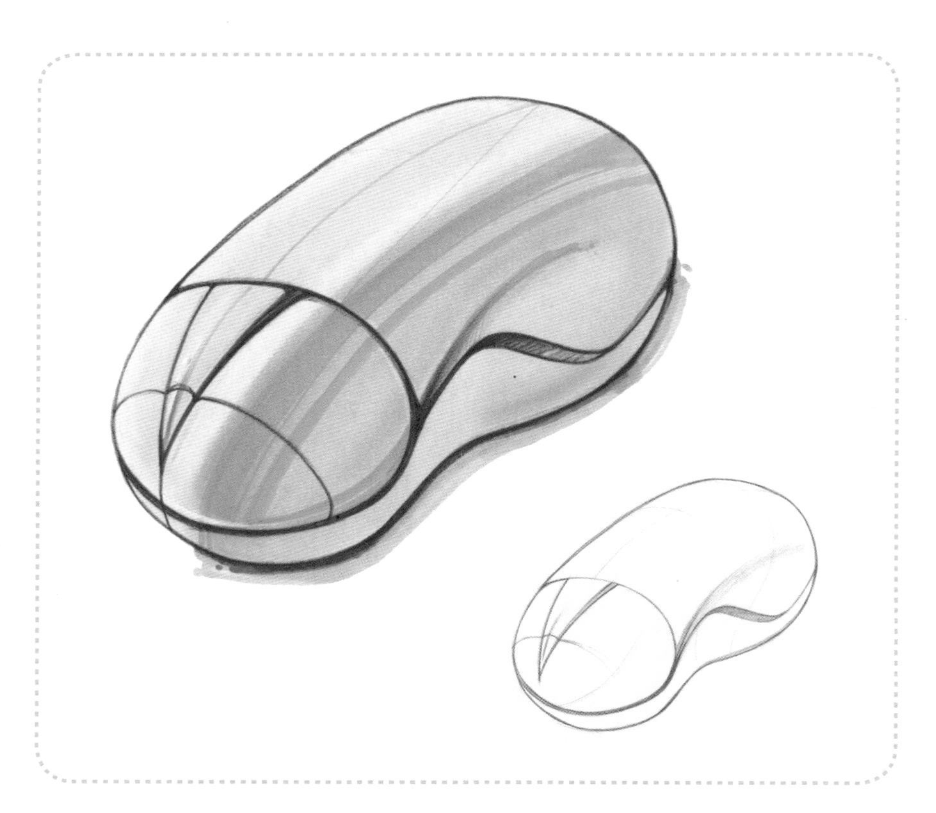

从手绘效果图到用电脑精确制图的过程中，要充分利用各种媒介将草图清晰化、细节化，以得到精确比例关系的电脑建模图。

鼠标三维建模

鼠标创新设计与表达
Sketching expression of mouse

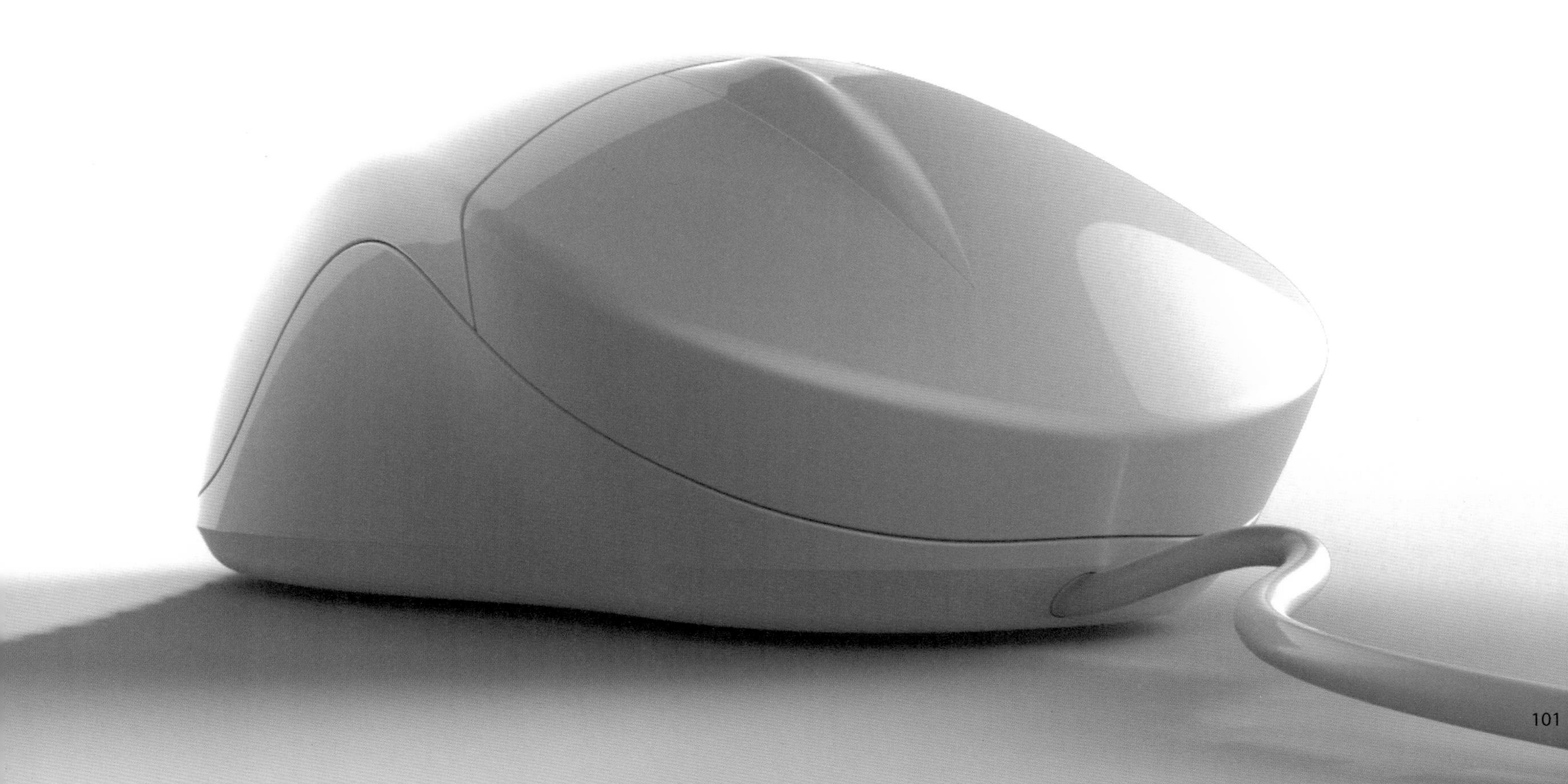

Hand-made

手工工具创新设计

案例四　手电钻创新设计与表达

本篇幅中的草图主要是通过对产品进行多角度和使用方式的分析绘制出来的，对读者是一种思维引导，对绘制者本身也是一种空间思维的考量。线条可以根据产品的结构走势进行相应变化，或虚或实，或轻或重，读者可以在变化中感受产品本身的造型。

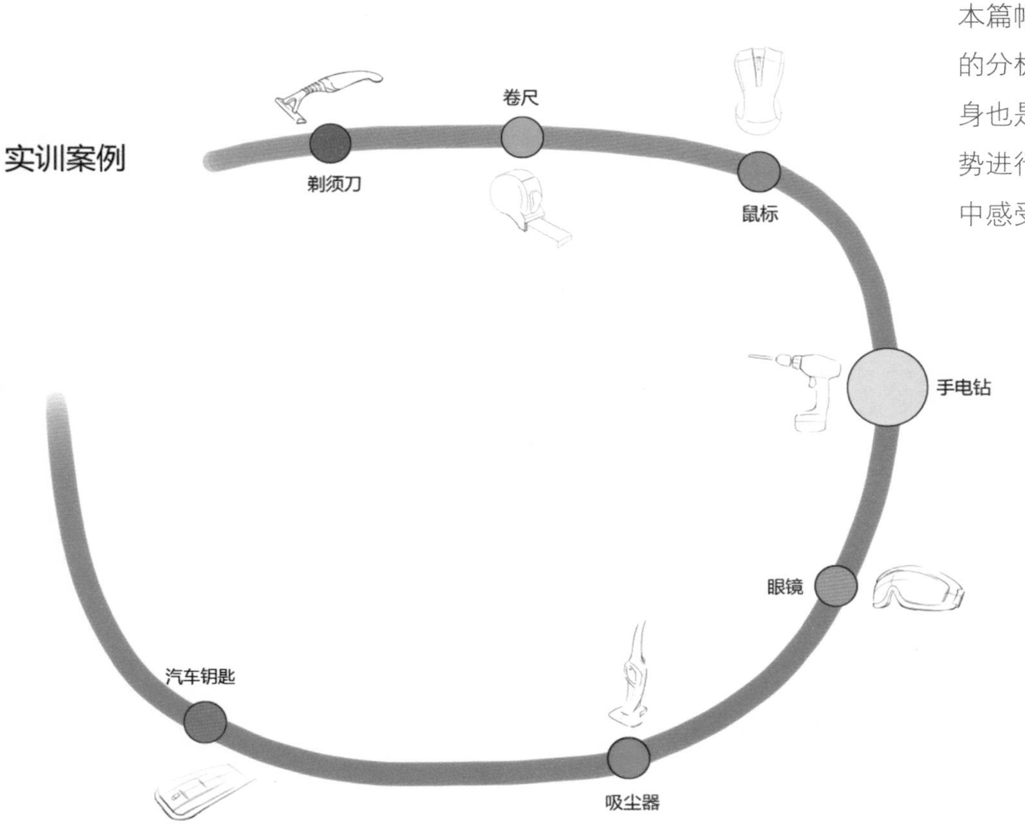

Sketching Story Of Eletric Drill

手电钻的草图绘制

手电钻创新设计与表达
Hand-made innovative design

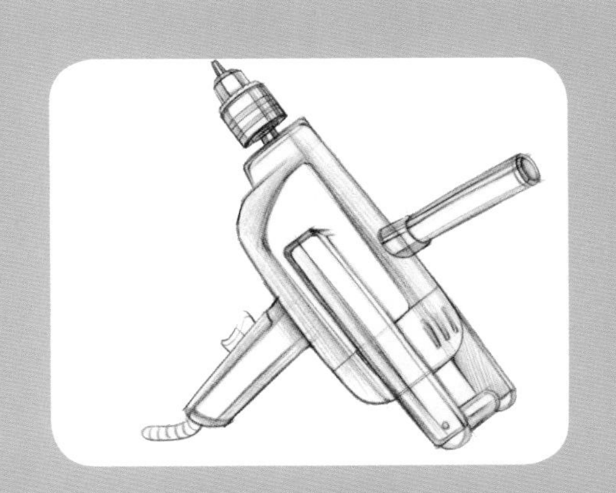

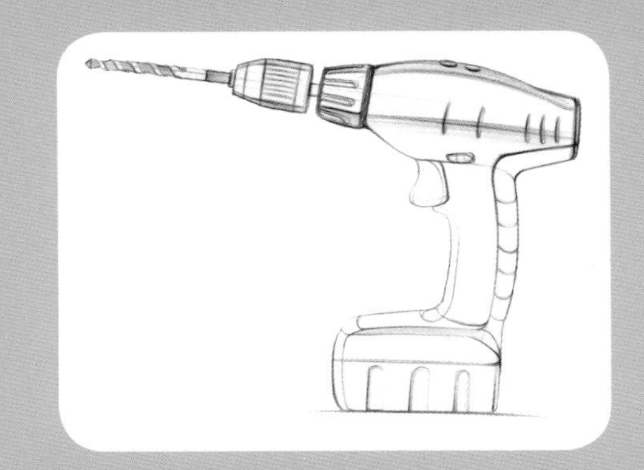

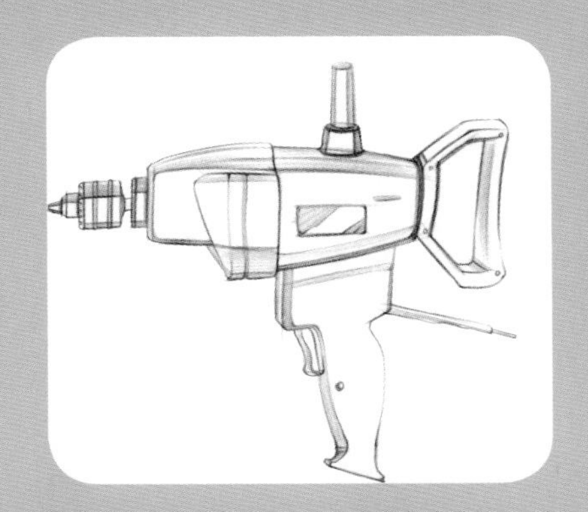

Sketching Story Of Eletric Drill
Designer: Chenlan
Times: 2014-1

Sketching Story of Hand Made A

手工工具产品原图临摹

手电钻创新设计与表达
Hand-made innovative design

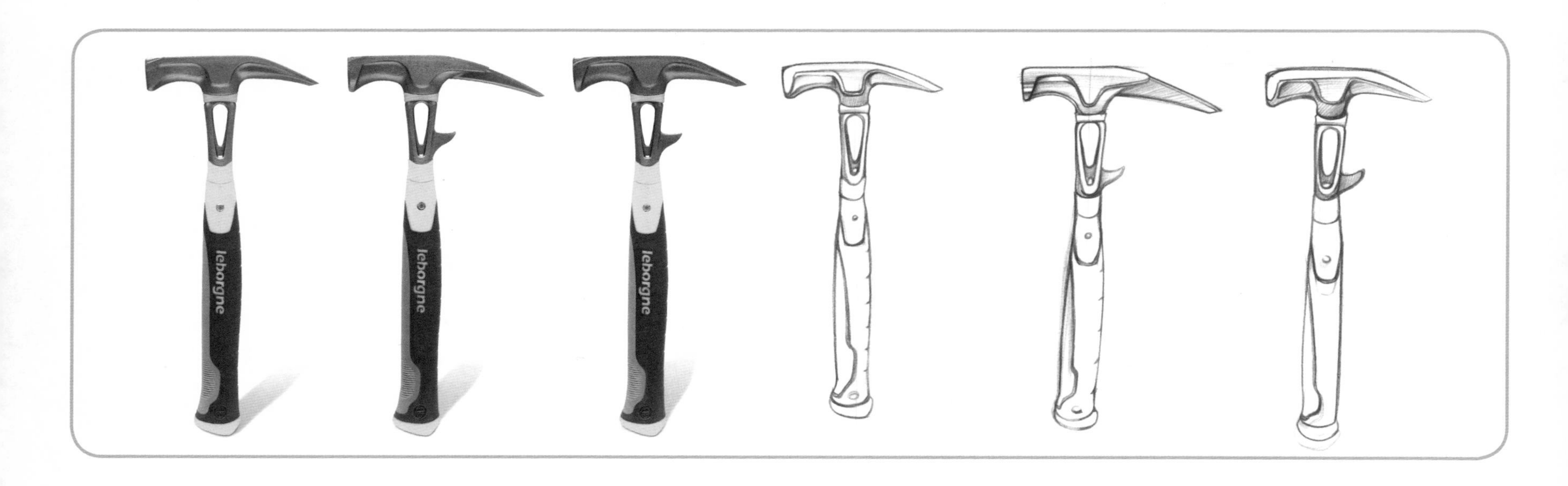

Sketching Story

细节发想

手电钻创新设计与表达
Hand-made innovative design

这一部分的线稿故事讲述的是形态与形态间的创意变化，主要是依据一个主体产品选取其中的两个部件进行创新设计。设计的过程中你可能已经发现了产品的规律，需要在遵循这些规律的基础上进行可行性的变化。例如，我形态发想的主体产品是一款手电钻（如图所示），并且选取了手电钻的钻头部分和手柄部分进行创新设计。

Sketching Story Of Eletric Drill
Designer: Chenlan
Times: 2014-2

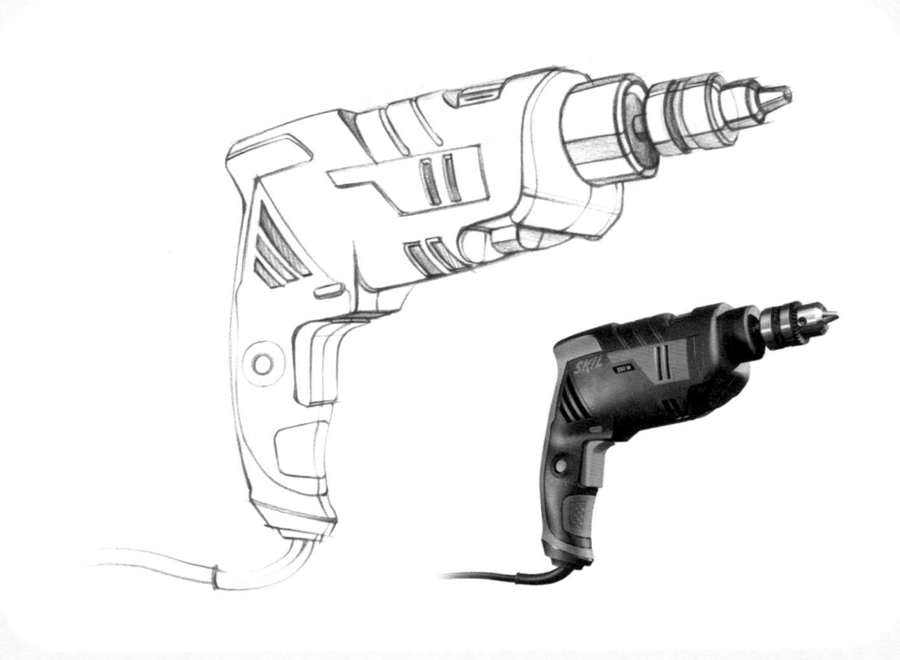

细节发想

手电钻创新设计与表达
Hand-made innovative design

Creative Details

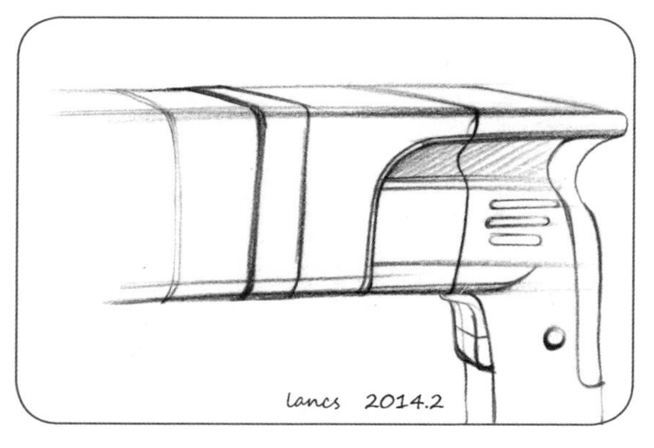

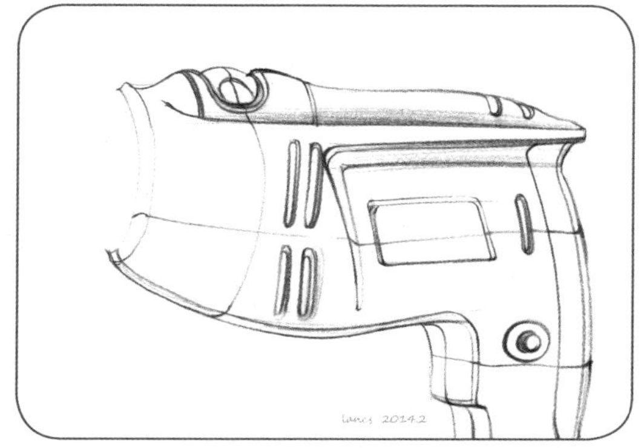

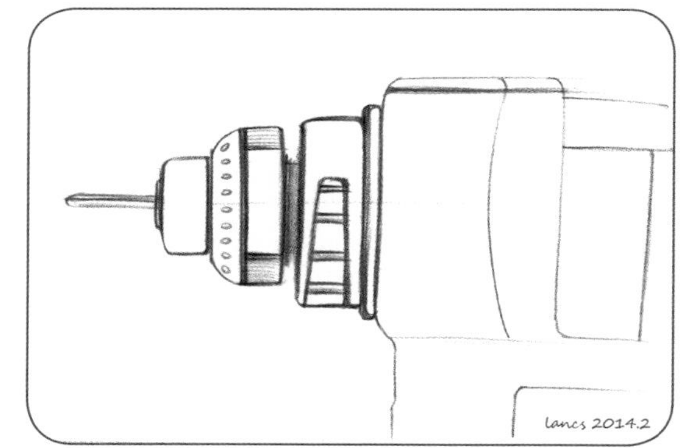

以上是细节发想部分，
选择了手电钻的机身部分作为发想对象进行变化。
通过思考这个发想的过程，不难发现其中规律：
手电钻的机身部位中每道分模线、
每个散热口、每个螺钉位置都与其内外整体关联密切，
当我们在对这些部位进行变化时，
是在保证零部件和内部构造不会互斥的情况下进行的。

From the details

多角度细节

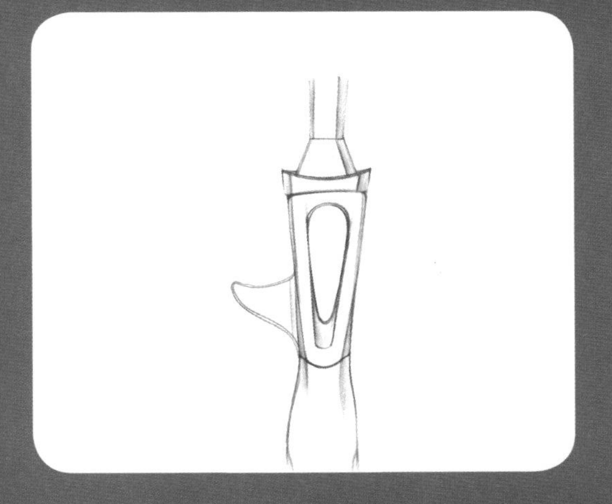

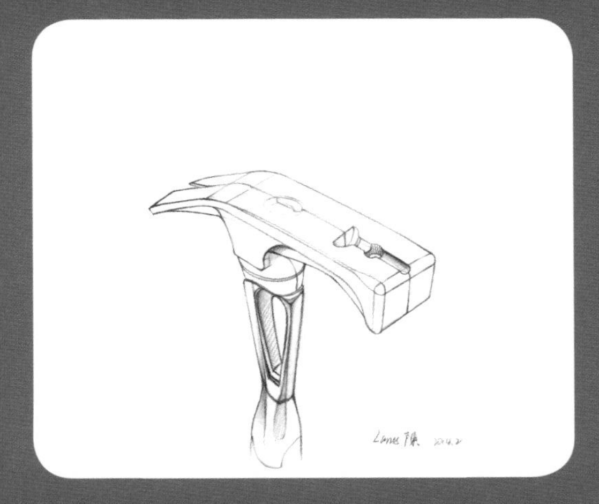

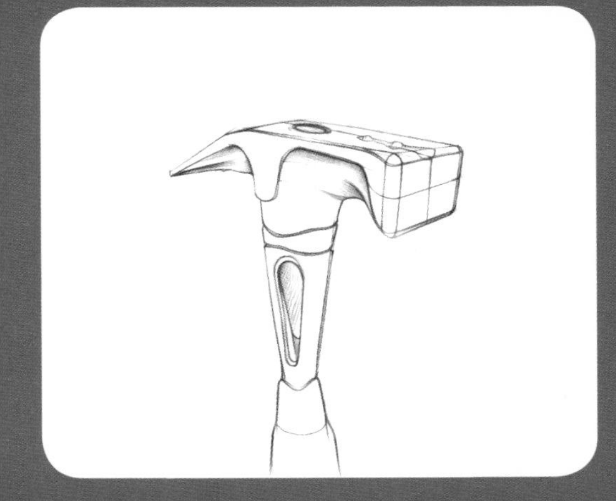

Sketching Story Of Eletric Drill
Designer: Chenlan
Times: 2014-2

多角度细节主要在依据着产品的设计出发点和设计关键处，并将其表现出来，考查绘制者的空间思维能力和细节深入能力。

使用状态图

手电钻创新设计与表达
Hand-made innovative design

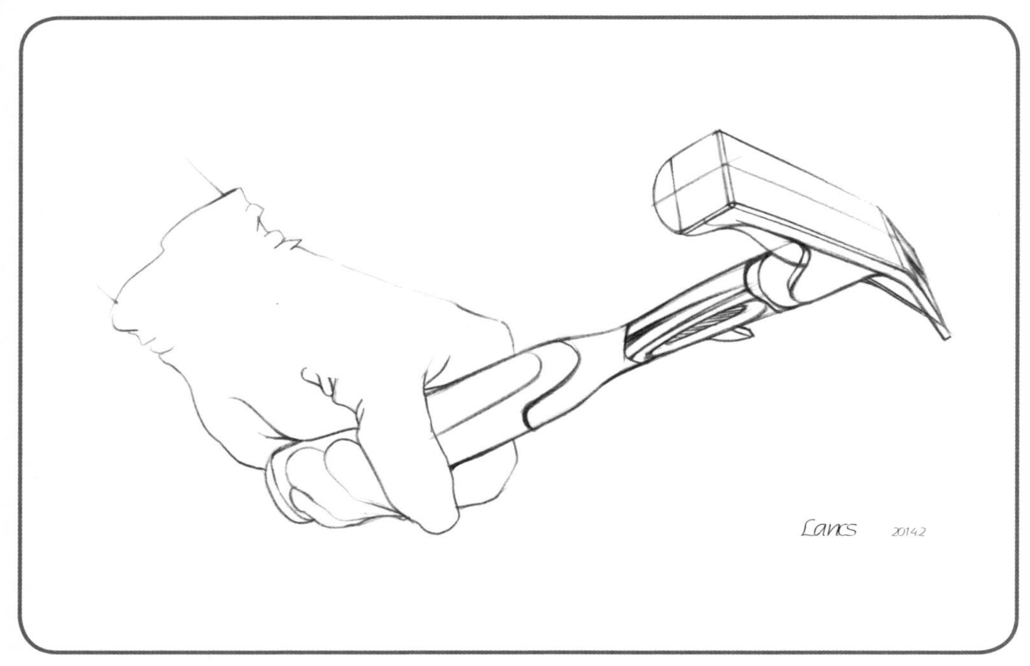

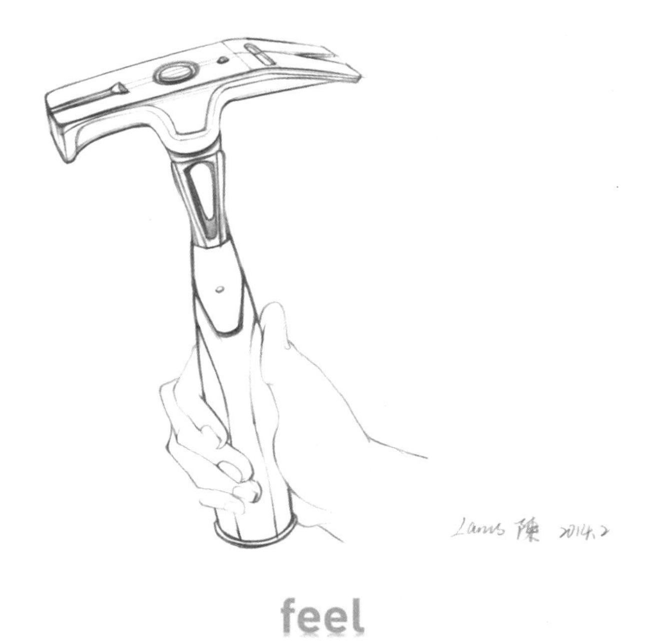

feel

使用状态主要展现对产品的一种使用引导。

Sketching Story of Hand Made B

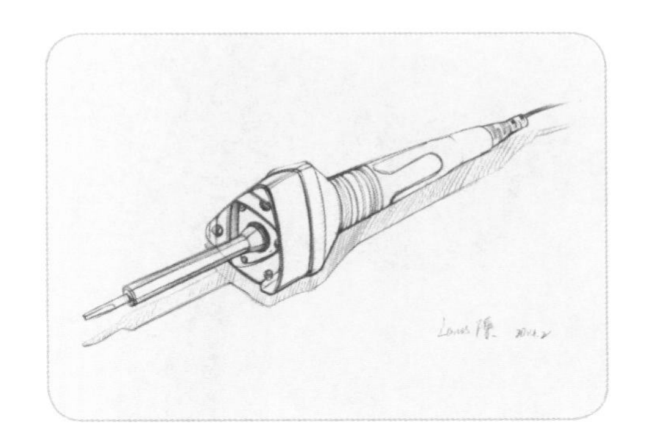

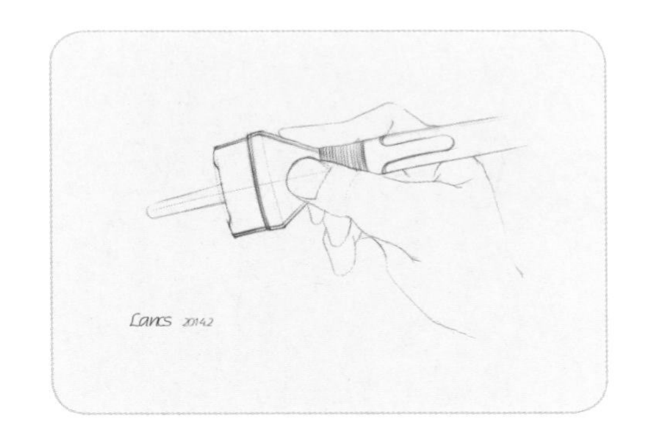

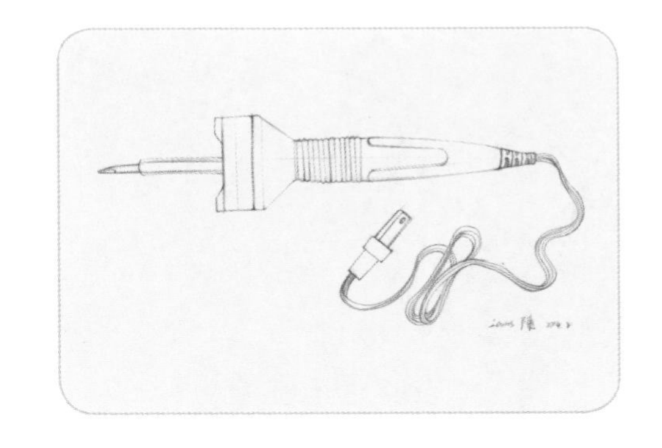

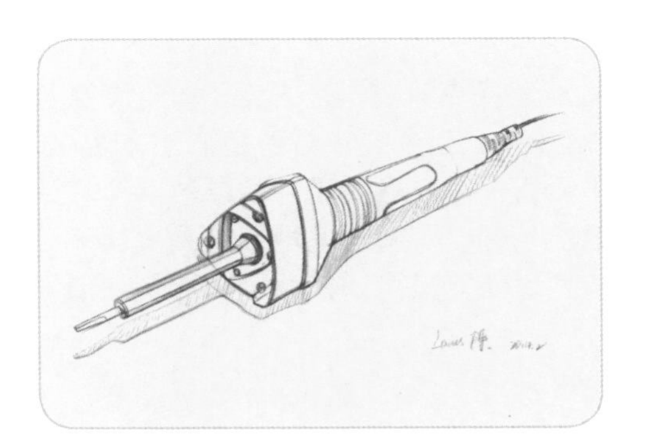

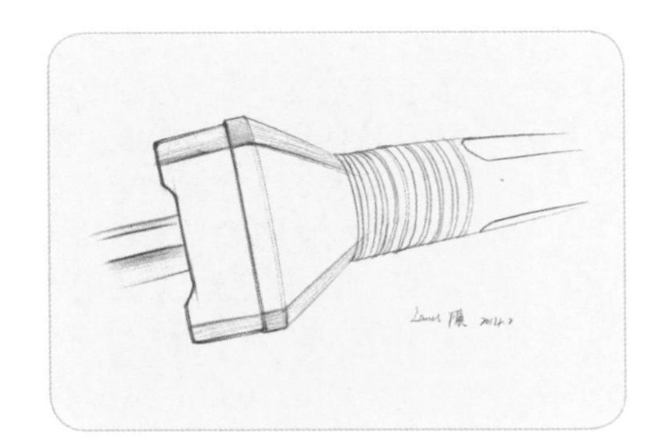

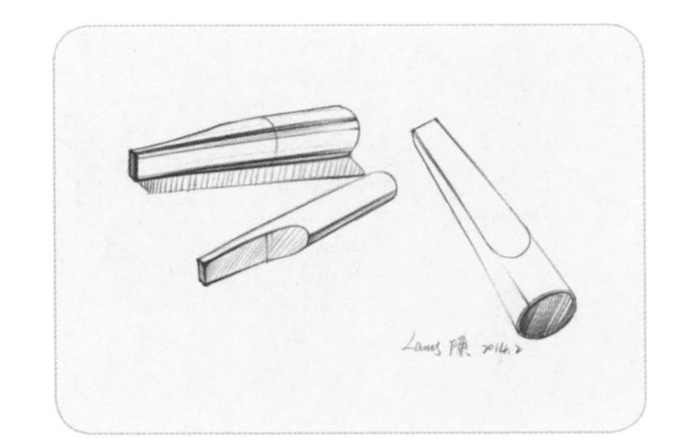

手电钻上色

手电钻创新设计与表达
Hand-made innovative design

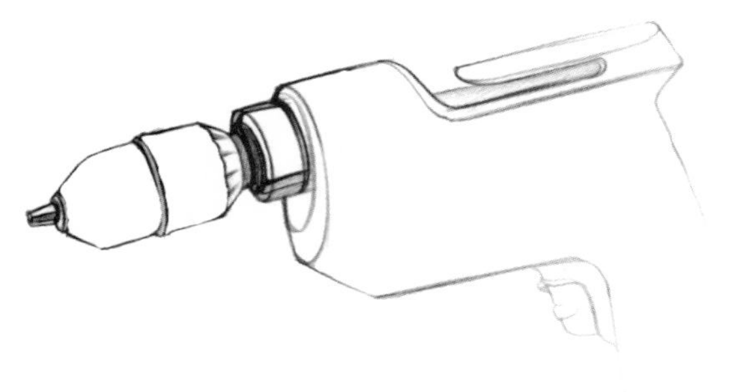

One: 初步定稿

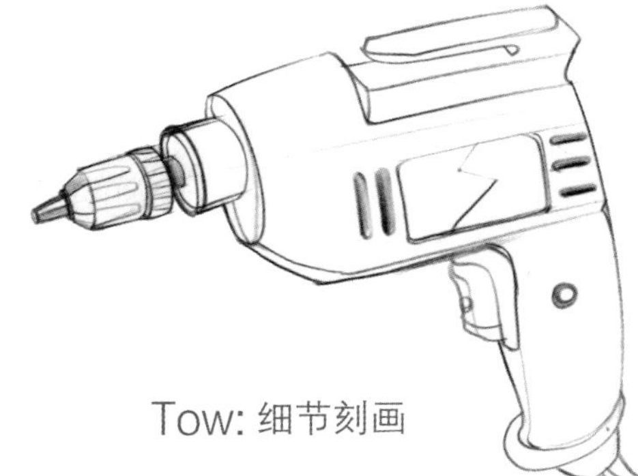

Tow: 细节刻画

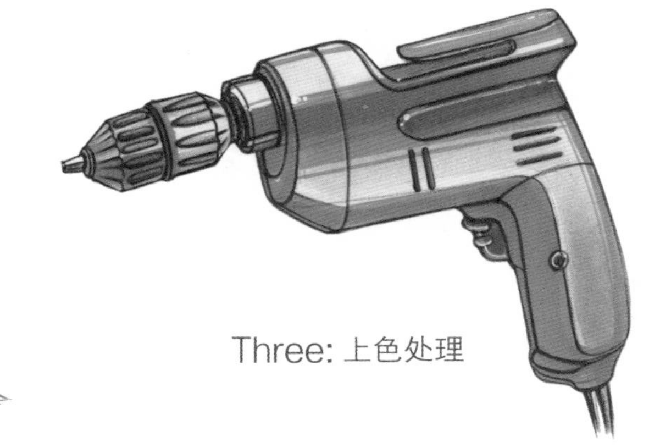

Three: 上色处理

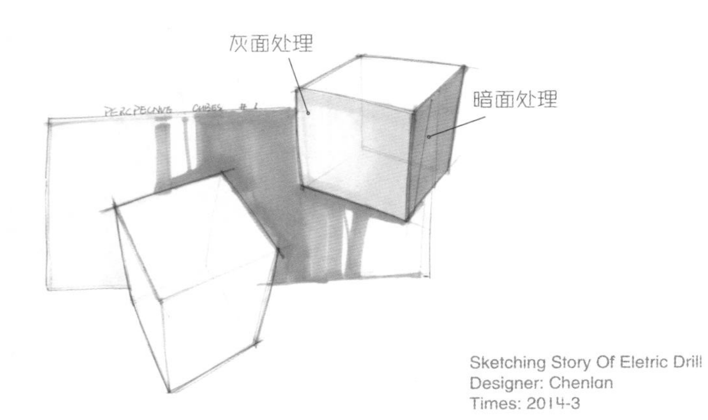

我们在处理一块暗灰面的时候，往往不清楚麦克笔的排色方法(即干画法与湿画法的用法)，经常会因为油性马克笔的水分过多，便导致色彩过多溢出，破坏了画面，这就需要我们在运笔前多分析一下产品受光下的质感规律。通常我们会在产品四周用麦克笔宽头勾勒出一圈，接着迅速地用湿画法填充暗灰面。这样既可以防止笔油溢出产品造型之外，又可以使画面色彩更加自然而和谐。

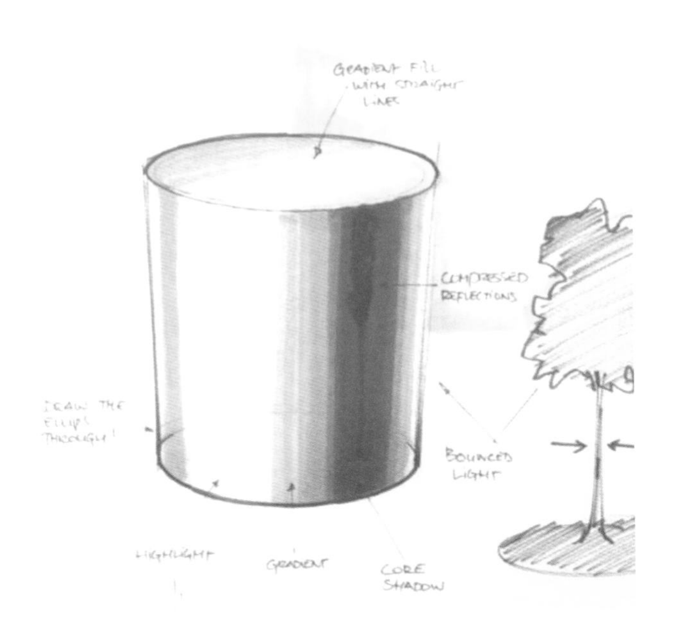

我们在处理一个产品的受光情况时，处理的次序与方法因人而异，但总的要求是一样的。我们可以将产品的受光规律整合成一个圆柱的受光情况(如上图所示)，当光源从上方照射下来，且存在环境物体，必定会存在受光面(即亮面)、暗面和过渡面(即灰面)。同时在色彩关系上存在固有色、光源色和环境色。

手电钻上色

手电钻创新设计与表达
Hand-made innovative design

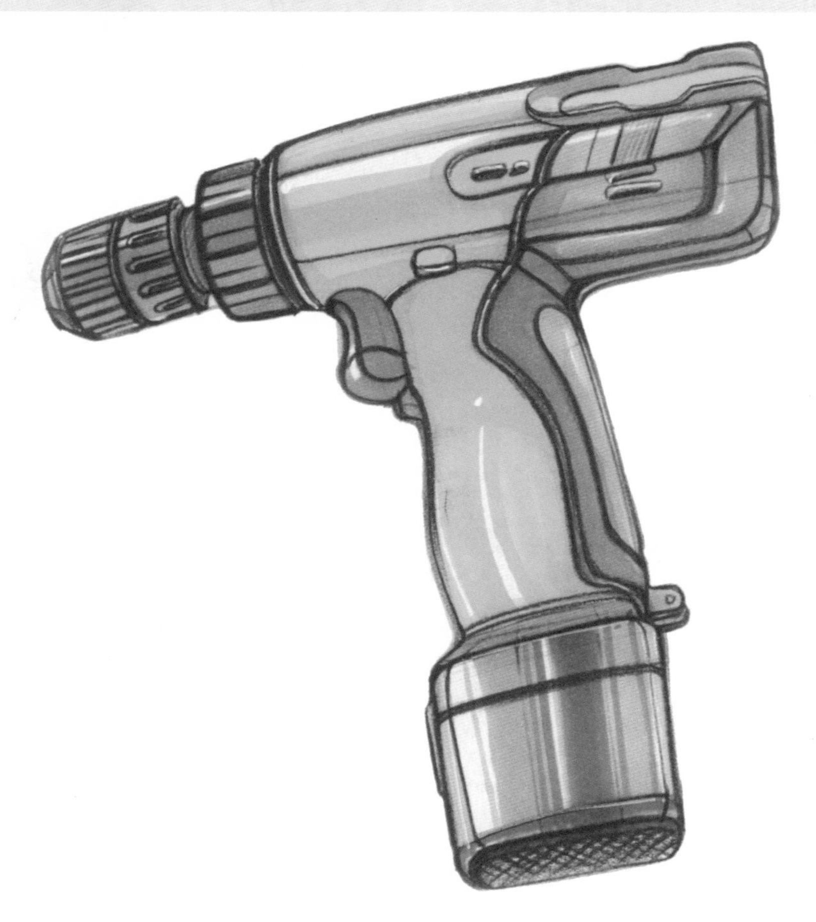

等笔触未干时配合麦克笔粗头、细头交替绘制，形成一定的渐变过渡效果，这样可以体现厚度。使用这种方法前最好先在其他纸面上练习运笔，找准感觉再作画。

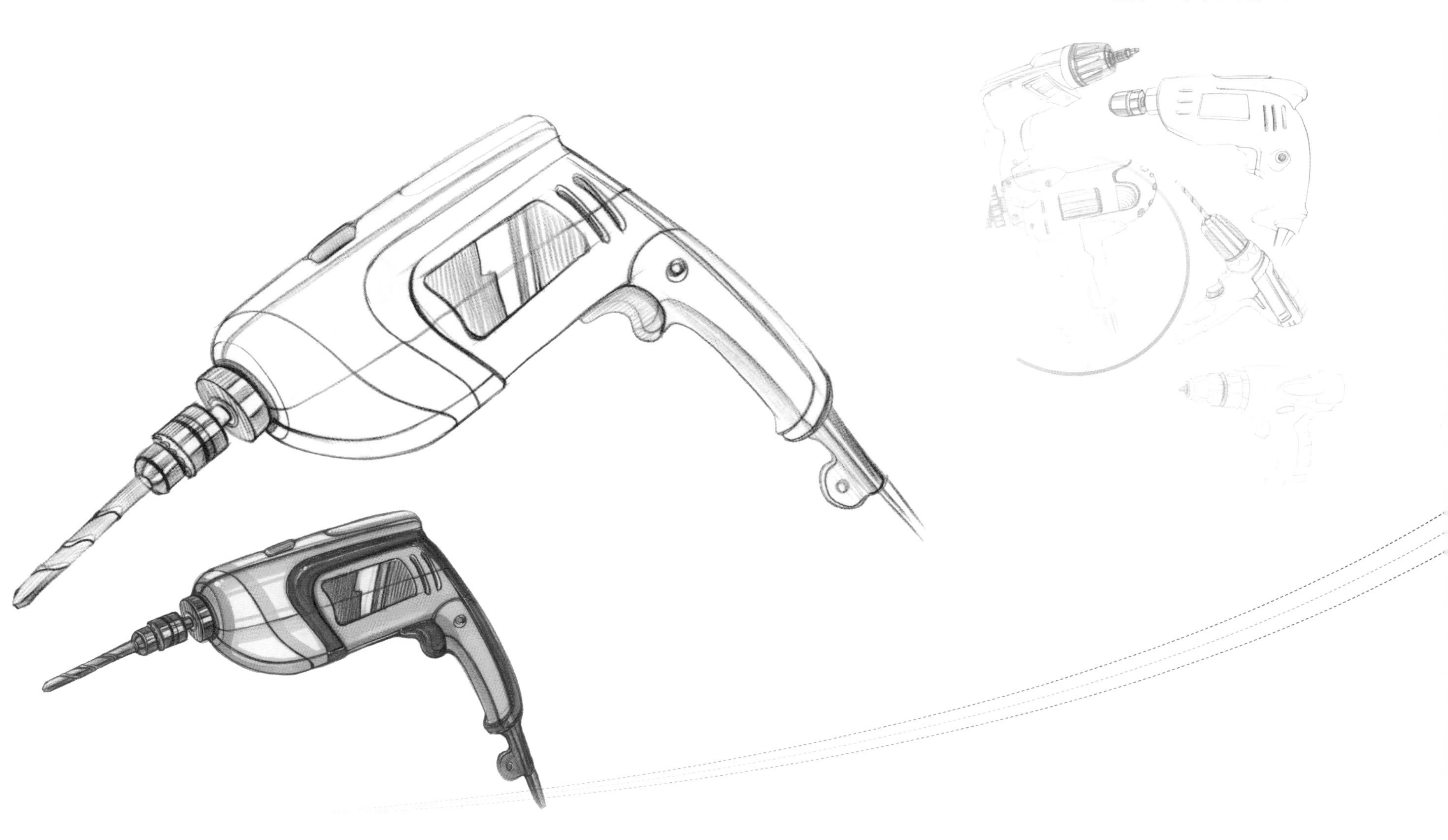

局部方案上色篇

THE LOCAL MODELLING DESIGN

手电钻上色

手电钻创新设计与表达
Hand-made innovative design

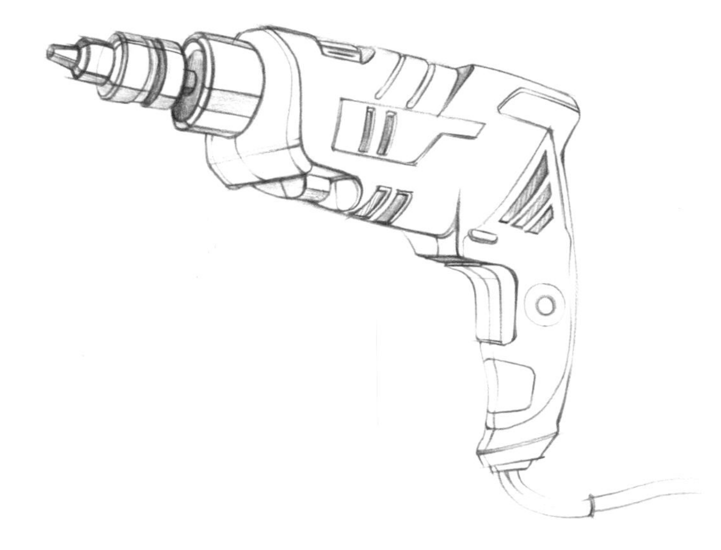

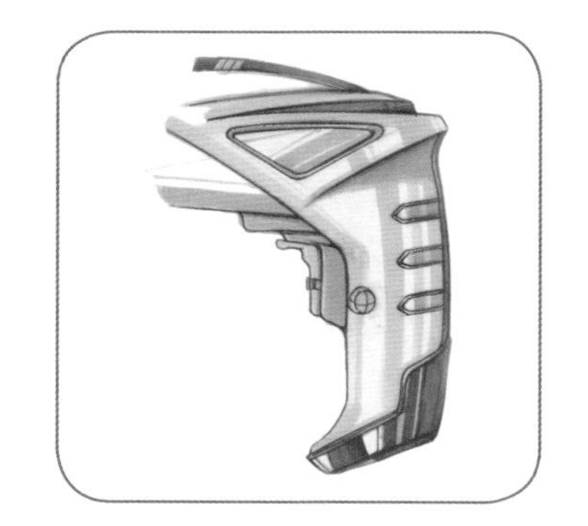

本篇主要讲的是手电钻局部设计上色。
上色主要需体现其部件的质感和空间效应，
可以通过背景烘托法
和高光提取法实现。

手电钻上色

手电钻创新设计与表达
Hand-made innovative design

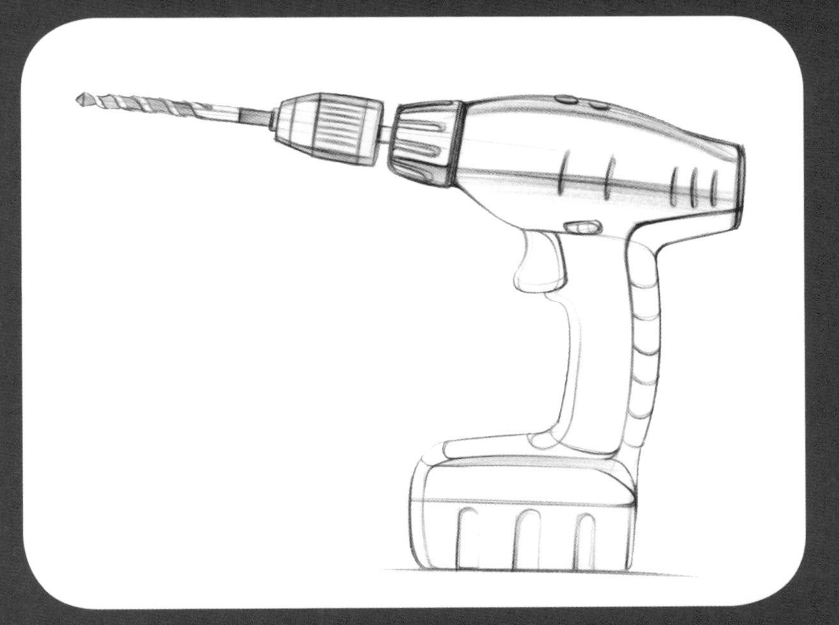

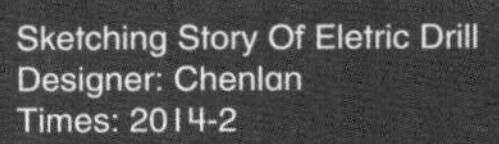
Sketching Story Of Eletric Drill
Designer: Chenlan
Times: 2014-2

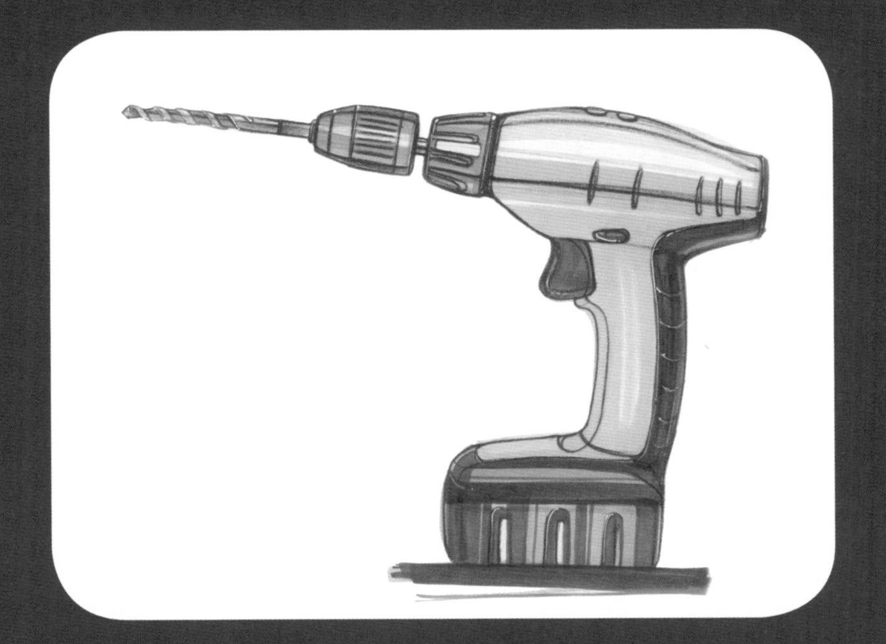

手电钻上色

手电钻创新设计与表达
Hand-made innovative design

Hand electric drill creative space

手电钻创意空间

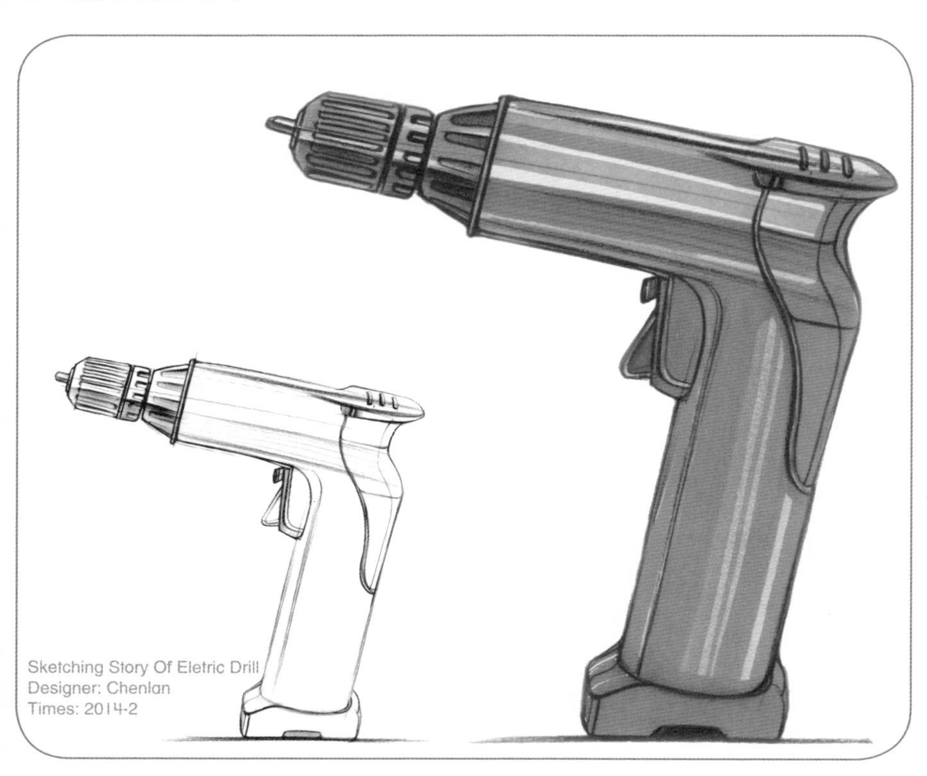

手绘在这里是一个既自由又严谨的过程。在上色部分中最不能忽略的过程便是画面的整体性，这既是一个逻辑的过程，也是一个收获的过程。

7. CUT TO SMALL OFFICE ENGINEERING. YOU SEE 2 PEOPLE CONFERENCING FROM THERE OWN DESK. (NO NEED FOR CONFERENCE ROOM).

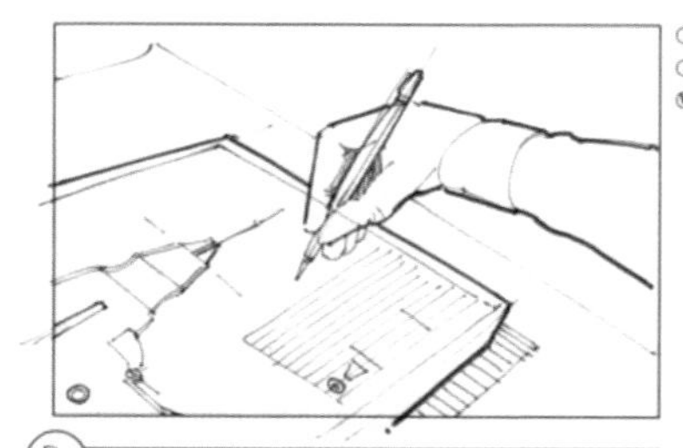

8. ENGINEER PLACES THE TABLET ON THE TECHNICAL DRAWING. IT SCANS AND SHOWS THROUGH THE TRANSPARANT LCD. THEY DISCUSS SCREWS VS. SONIC WELDING.

Color Story of Hand Made

手电钻上色

手电钻创新设计与表达
Hand-made innovative design

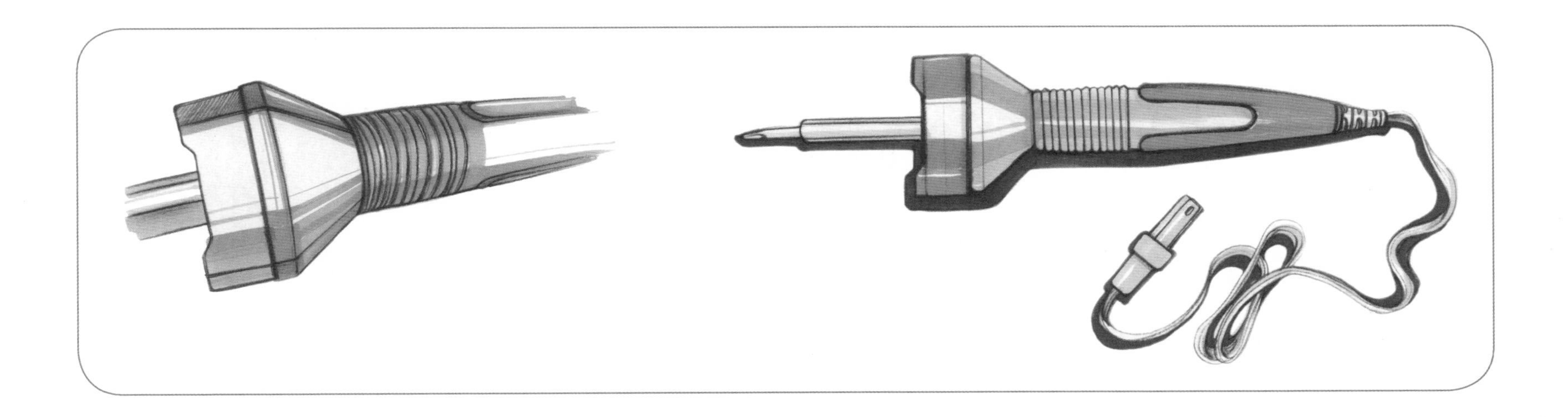

之前的篇章中有提到过线稿部分，
本篇章主要是色稿表达，需要通过色彩的搭配和形体的色彩转折来表现。
思考不同色彩之间的呼应，
感受细节无微不至的刻画，
最终达到宁静。

初衷

不要忘记设计的初衷

Sketching life

Electric hand drill

手电钻建模效果图

GLASSES MODELLING ORIGINALITY DESIGN

眼镜创意设计

GLASSES MODELLING ORIGINALITY DESIGN

眼镜创意设计

案例五　概念眼镜创新设计

本章主要是通过对眼镜进行多角度的分析，绘制出手绘图形。除了对产品原图的临摹和眼镜形态的大量发想图，本章还重点阐述二维 Ps 上色的步骤和方法。

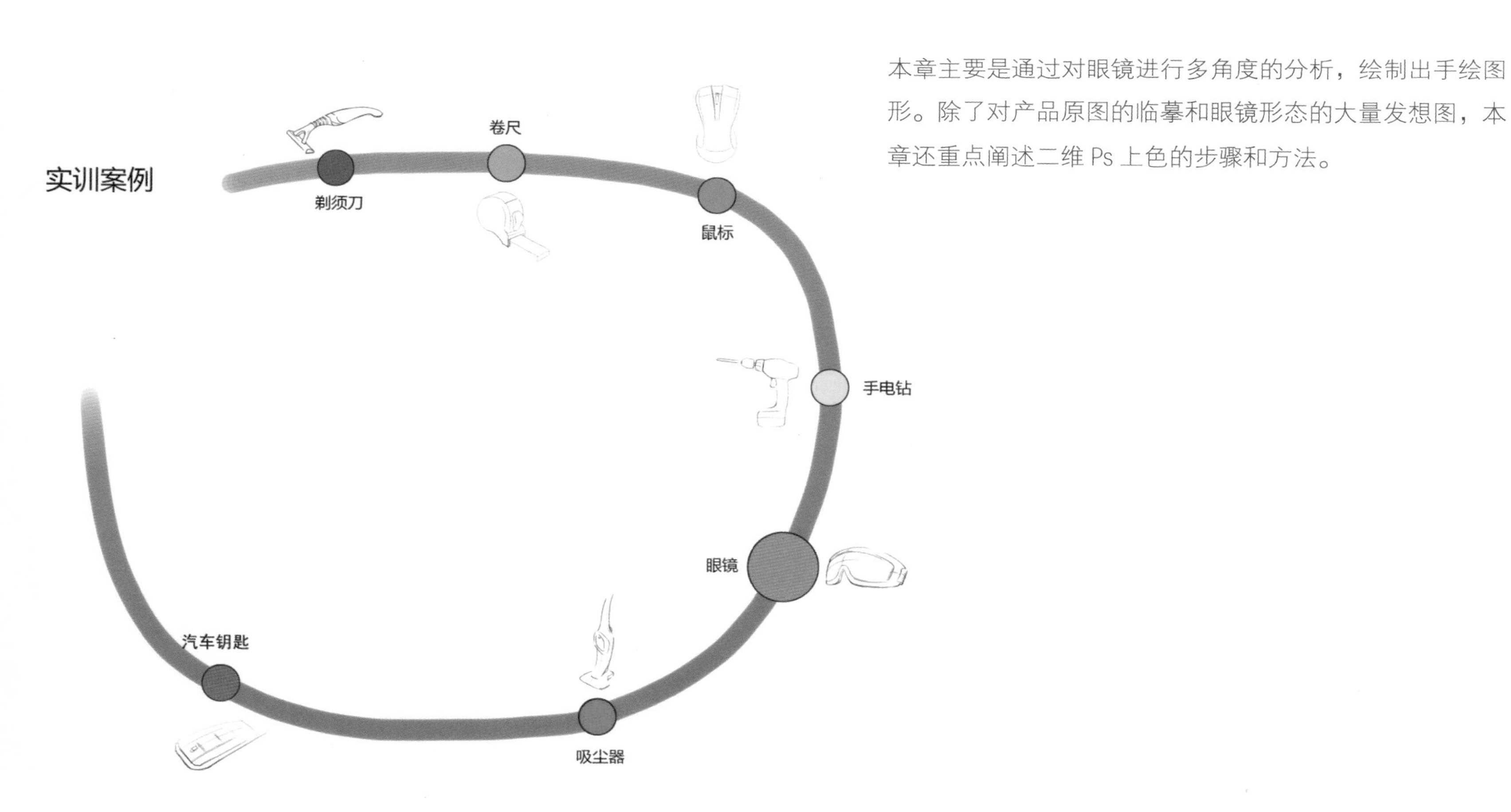

产品调研
Product Focus Groups Surveys

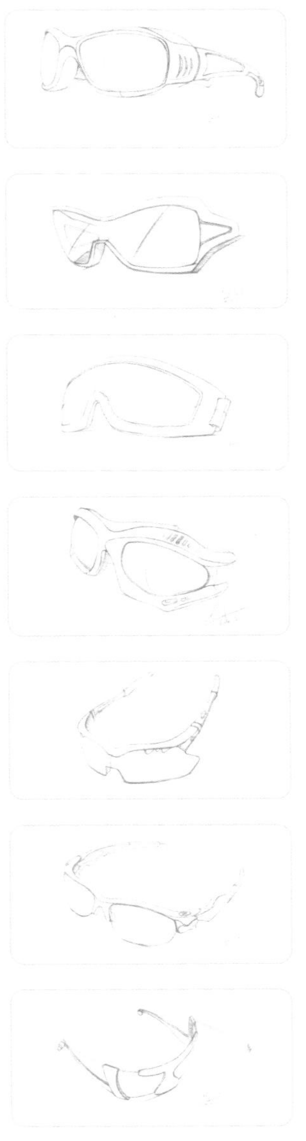

线条图表达

概念眼镜创意设计
Glasses innovative of design

LINE ART EXPRESSION
ONE

所有的线稿图不仅只用来进行内部交流，有些甚至可直接用来跟客户沟通。最初的草图是以图片为底层，并在Adobe Photoshop软件中完成。减淡和加深工具可以用来快速地在物体表面绘制大量的阴影，突出造型的变化以及不同的曲面。

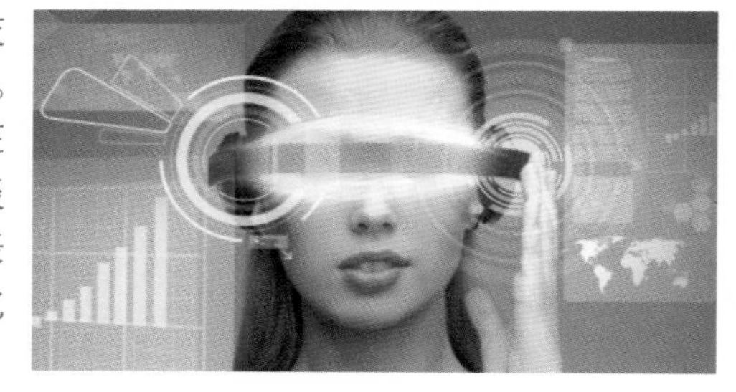

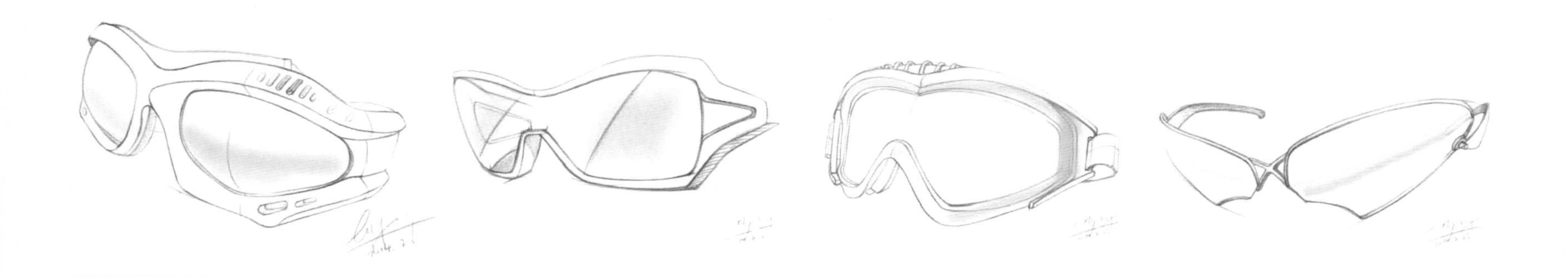

线条图表达

概念眼镜创意设计
Glasses innovative design

LINE ART EXPRESSION

TWO

在使用 Adobe Photoshop 软件上色前，用铅笔和麦克笔上色是必不可少的一个步骤。只有通过它们，才能更好地理解产品的结构线和转折面，更精准地将它们表达出来。

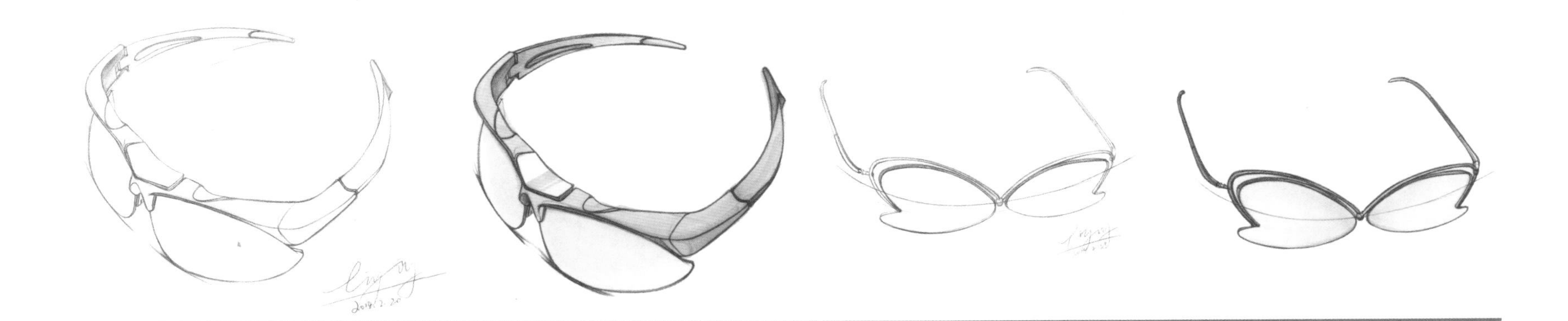

线条图表达

概念眼镜创意设计
Glasses innovative design

More creative Line chart

眼镜设计师的工作，并不只是设计实践。
在特定的环境中，为眼镜设计找到一个合适的场所，
并对设计领域重新配置，
对于设计师来说也许是更为重要的工作。

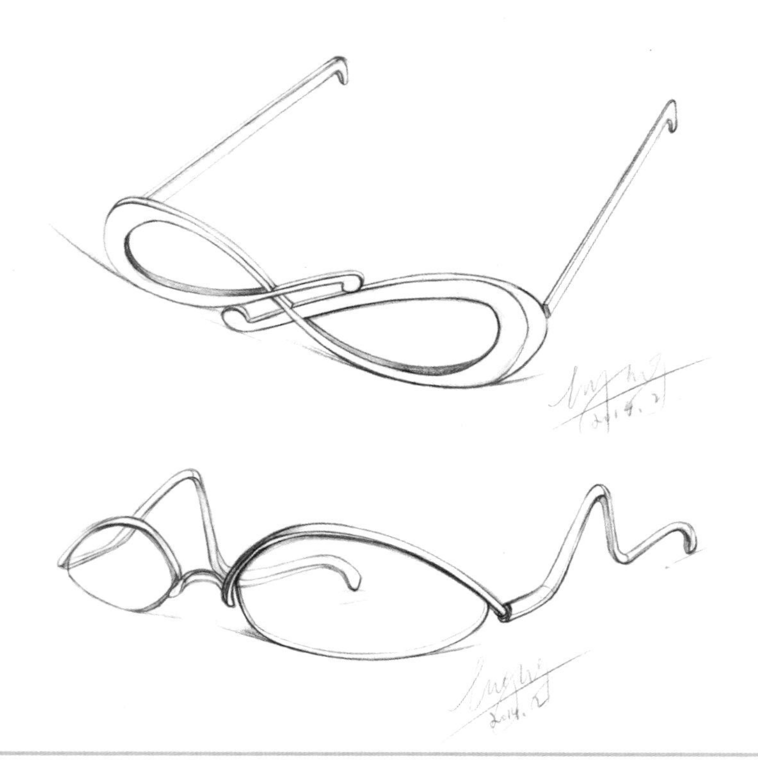

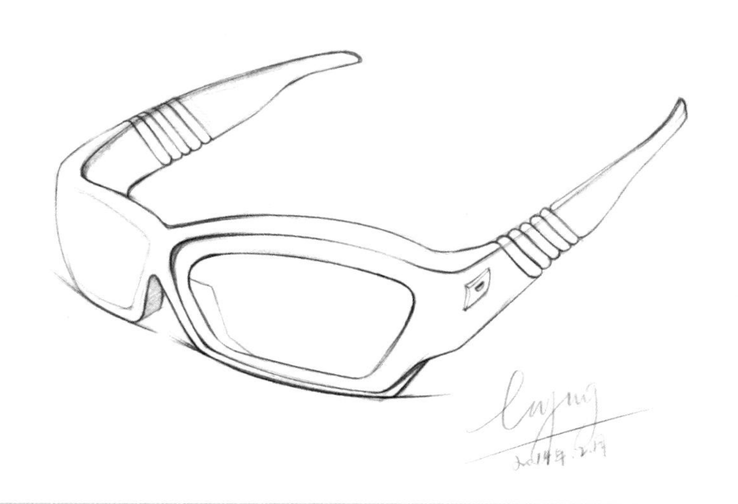

线条图表达

概念眼镜创意设计
Glasses innovative design

临摹产品时，脑海中可能突然一闪而过几个画面，这时我们就需要快速地用简单的几笔把这些画面勾画出来，后期不断地推断与丰富。在把握整体的结构比例和一幅基本的效果图后，我们可用电脑得心应手地进行表达。棱角分明、镂空的镜框设计，简单金属线条悄然穿越而过，简约脉络，触发深藏心底，令人沉醉的那一份悸动。

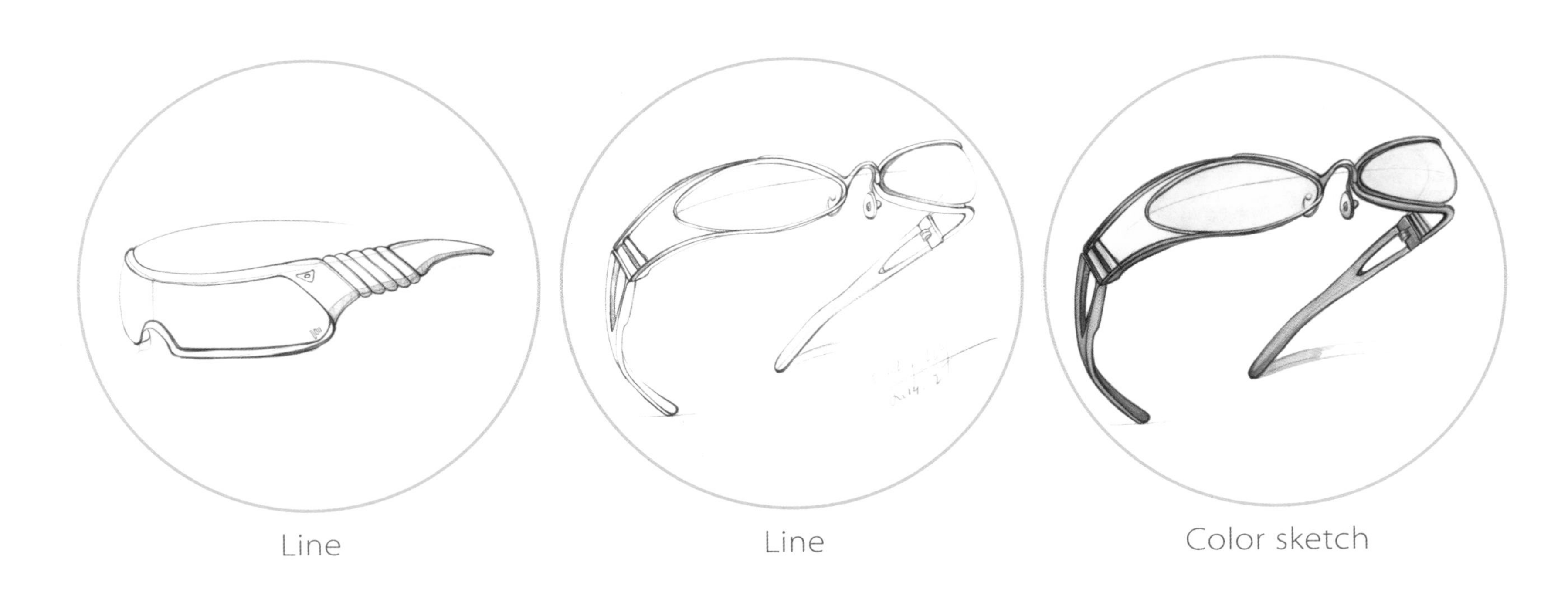

Line　　Line　　Color sketch

线条图表达

概念眼镜创意设计
Glasses innovative design

The creation of line graph

曲线富有柔和感、缓和感；直线则富有坚硬感、锐利感，极具男性气概。在自然界中，一切事物皆是由这两者适当混合。当曲线或直线强调某种形状时，我们便有了深刻的印象，同时也产生相应的情感。

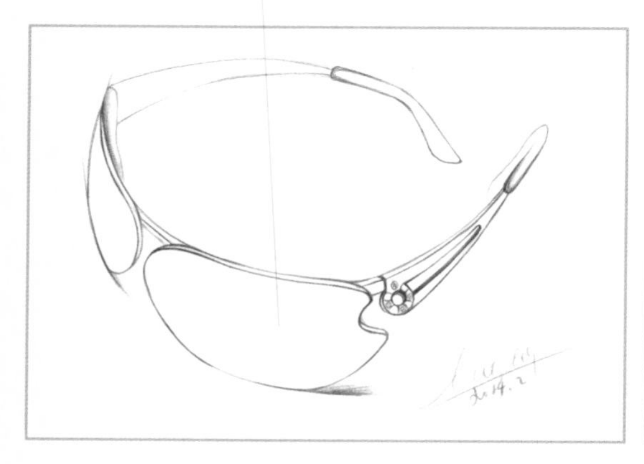

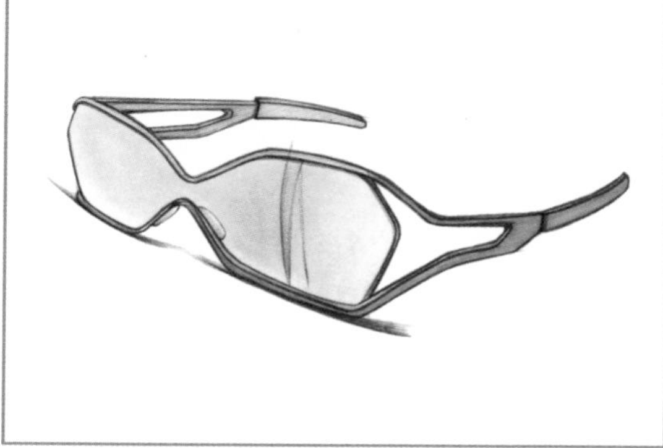

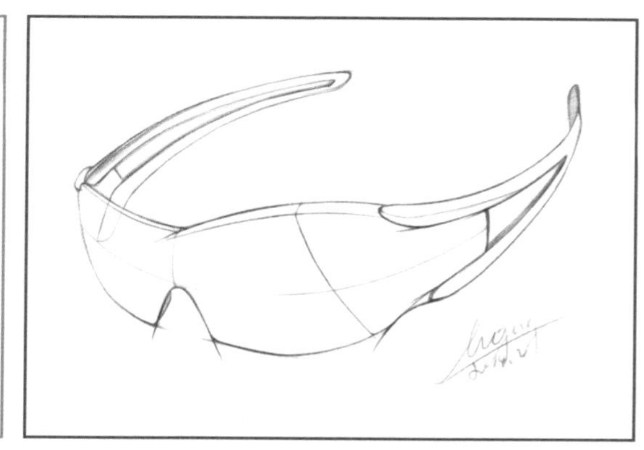

形态演变图

概念眼镜创意设计
Glasses innovative design

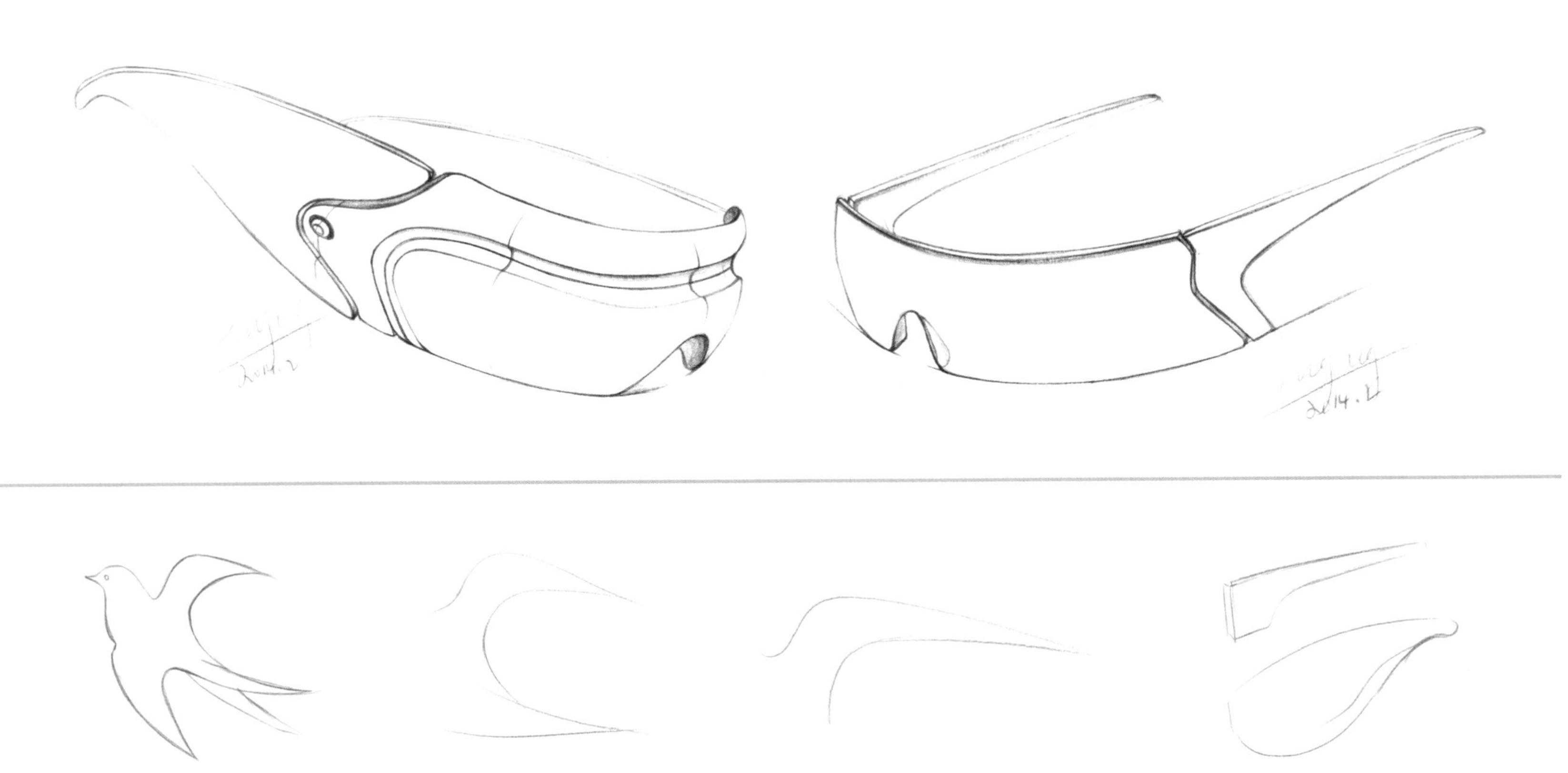

形态演变图

概念眼镜创意设计
Glasses innovative design

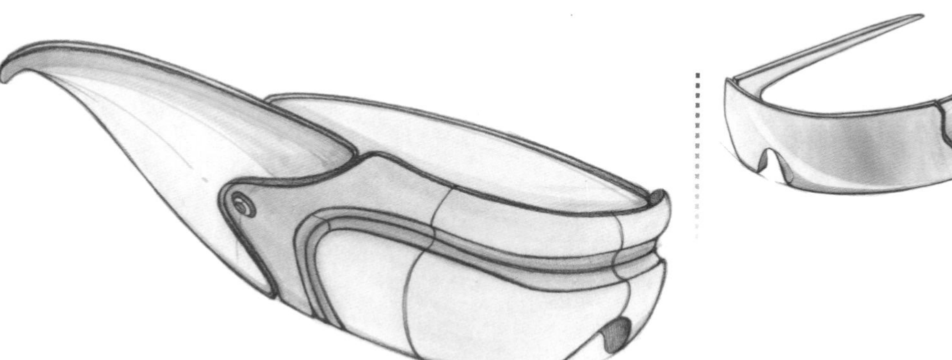

同一元素不同的设计方向，演绎着不同的设计风格。世界上的千千万物，有何不是我们设计的源泉？用心体会生活，感受大自然带给我们的一切，让阳光洒满心。

产品原图临摹

概念眼镜创意设计
Glasses innovative design

运动眼镜
OUTDOOR
SPORTS
GLASSES

通过对产品明暗面的分析，把握产品整体的光线角度。
先用线稿将产品表达出来，
将产品造型分解并简化，
后用色稿来体现丰富的明暗面，
表现造型的空间感，还要
调整物体色调的变化。

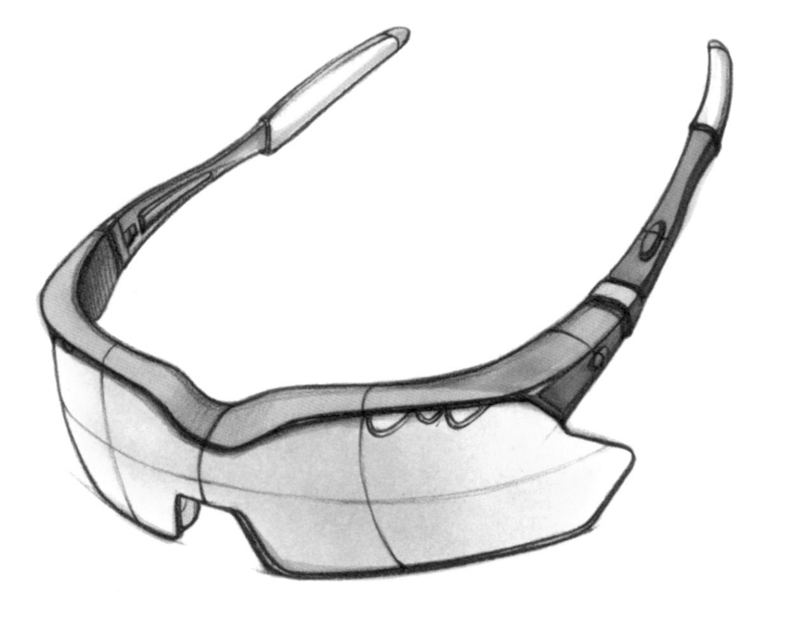

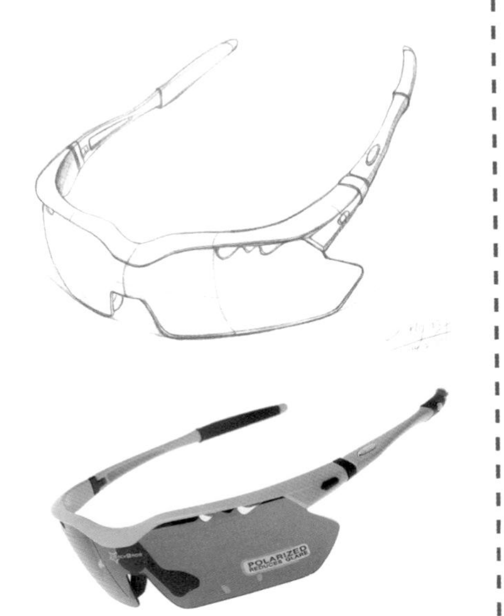

产品原图临摹

概念眼镜创意设计
Glasses innovative design

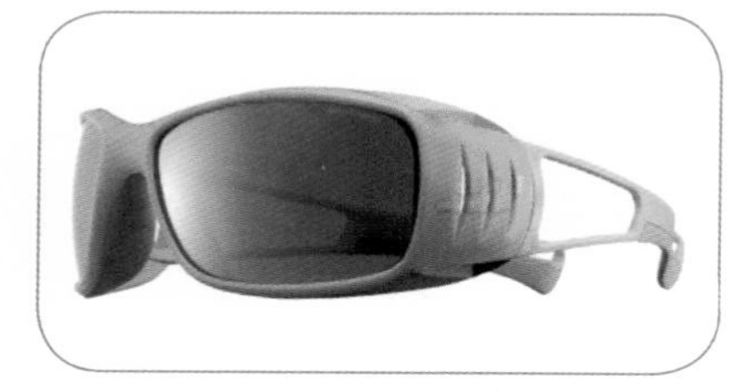

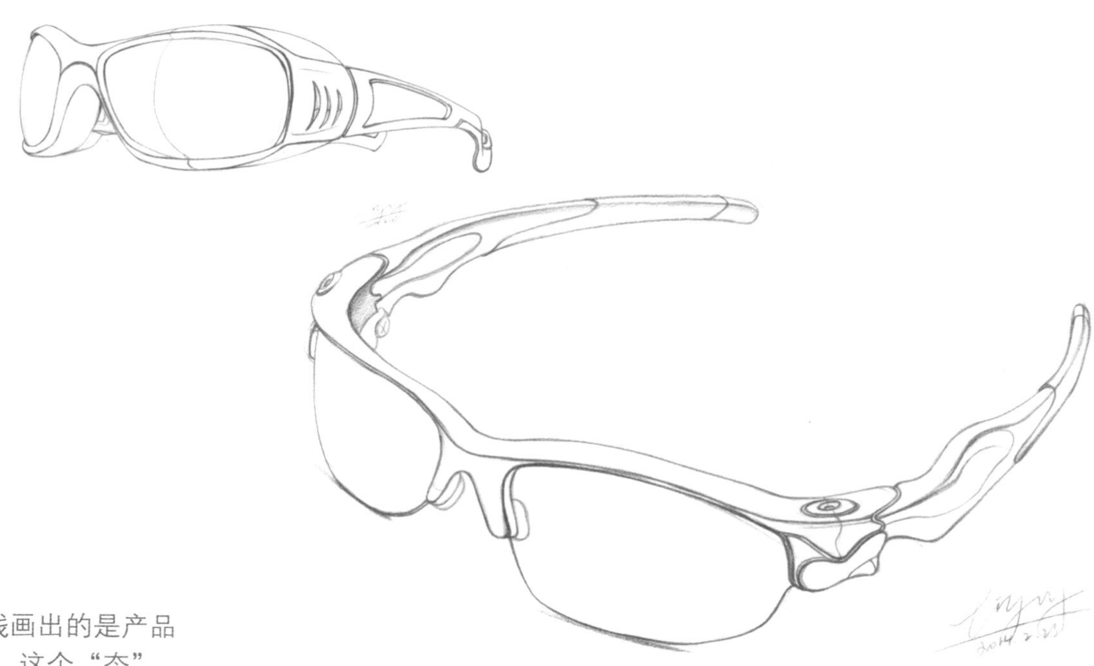

太阳眼镜线稿

产品形态由产品的“形”+“态”构成，单线画出的是产品的“形”，麦克笔上色画出的是产品的“态”，这个“态”可理解为给产品穿上了一件合适的、精致的、得体的衣裳。因此产品设计表达关键在于产品“形”的绘制，如果绘制出的产品的“形”很有视觉冲击力，那上色后表现出产品的“态”，才会魅力十足。

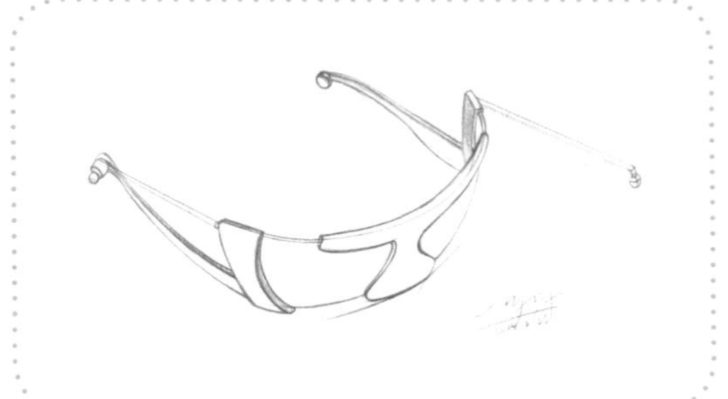

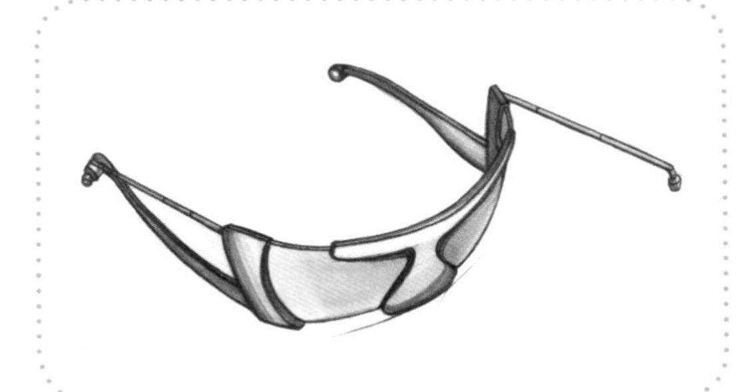

产品原图临摹

产品的设计表达离不开对产品形体的理解。对产品造型理解得越透彻，越有助于表现这个产品。即便是从无到有的设计，我们也要在心里想清楚各种形体曲面的细节。左右对称流线造型，创新方形连接式镜框，起伏的线条，功能与流行兼备，在勾勒出科技感的同时，也带来活力四射的新鲜感，彰显着奔放的生活热情。

The expression of product design

Ps 上色步骤表达

概念眼镜创意设计

Glasses innovative design

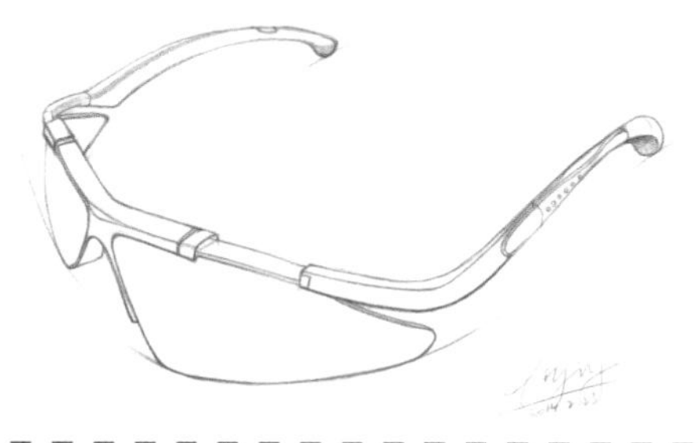

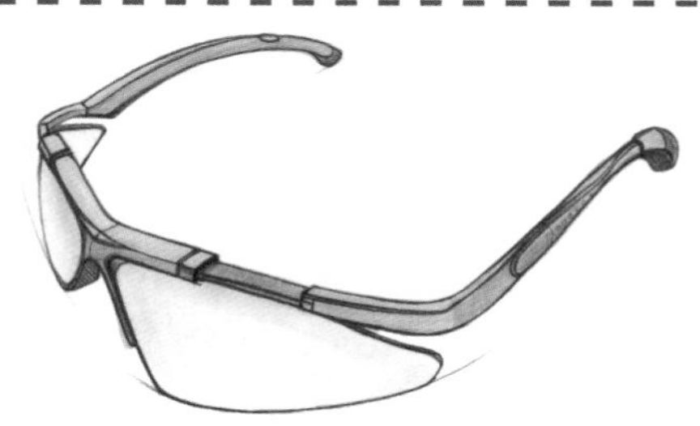

Adobe Photoshop 软件着色

从线稿、色稿、到 Adobe Photoshop 上色是一个探索的过程，涉及对形、面、体的综合掌握。我们要时刻记住自己脑海中那个想要表达出来的产品模样，将它与现有的产品进行比较，让整体随着不断地修改而变化，这样做会比按照你开始想象的那样精心地复制更有效果。

Ps 上色步骤表达

概念眼镜创意设计
Glasses innovative design

PRODUCT

IMAGE

在户外活动场所，特别是在夏天，许多运动员都通过戴运动镜来保护眼睛，以减轻眼睛可能遭受来自外部的伤害。

我们经常会忽略创作过程与最后作品之间的联系。我的过程通常是脚踏实地的，为后面的作品搭建一个良好的平台。

■产品结构线转化为用铅笔的粗细、深浅线条描绘。

■■眼镜各个面之间的关系用色彩的变化来体现。

STEP FIGURE

Photoshop

Ps 上色步骤表达

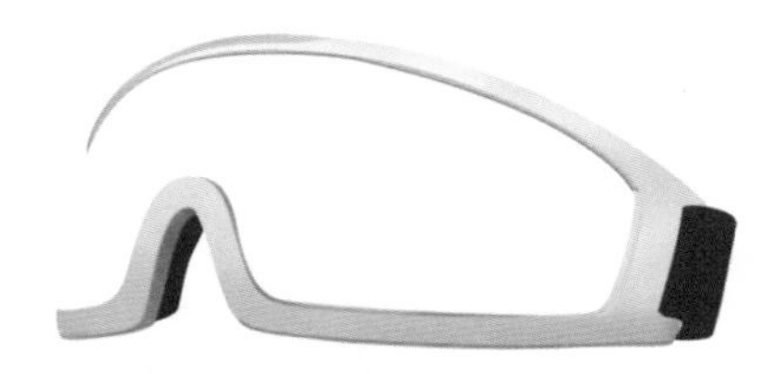

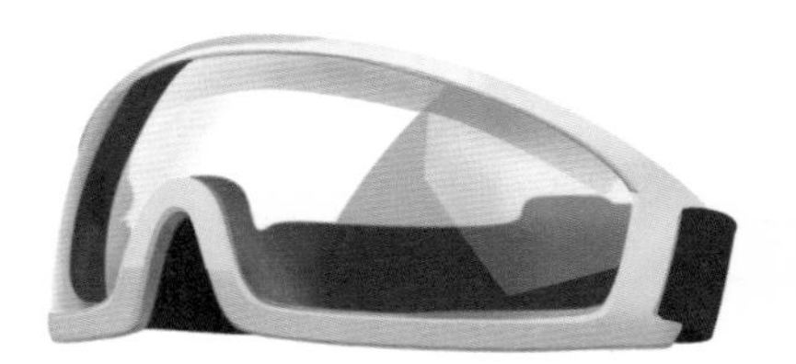

■ 分析这些复杂造型外面包裹了一层什么样的基本外轮廓、基本形状、基本曲面，注意这些造型的基本特征。

■■ 确定好光源方向，再开始铺设与造型贴合的明暗效果。

■■■ 丰富整体亮面的色彩。

■■■■ 对细节进行处理，加强明暗关系的对比和反光的色彩。

RENDERINGS

最后为产品搭配一幅与它风格相匹配的背景效果图

Ps 上色步骤表达

概念眼镜创意设计
Glasses innovative design

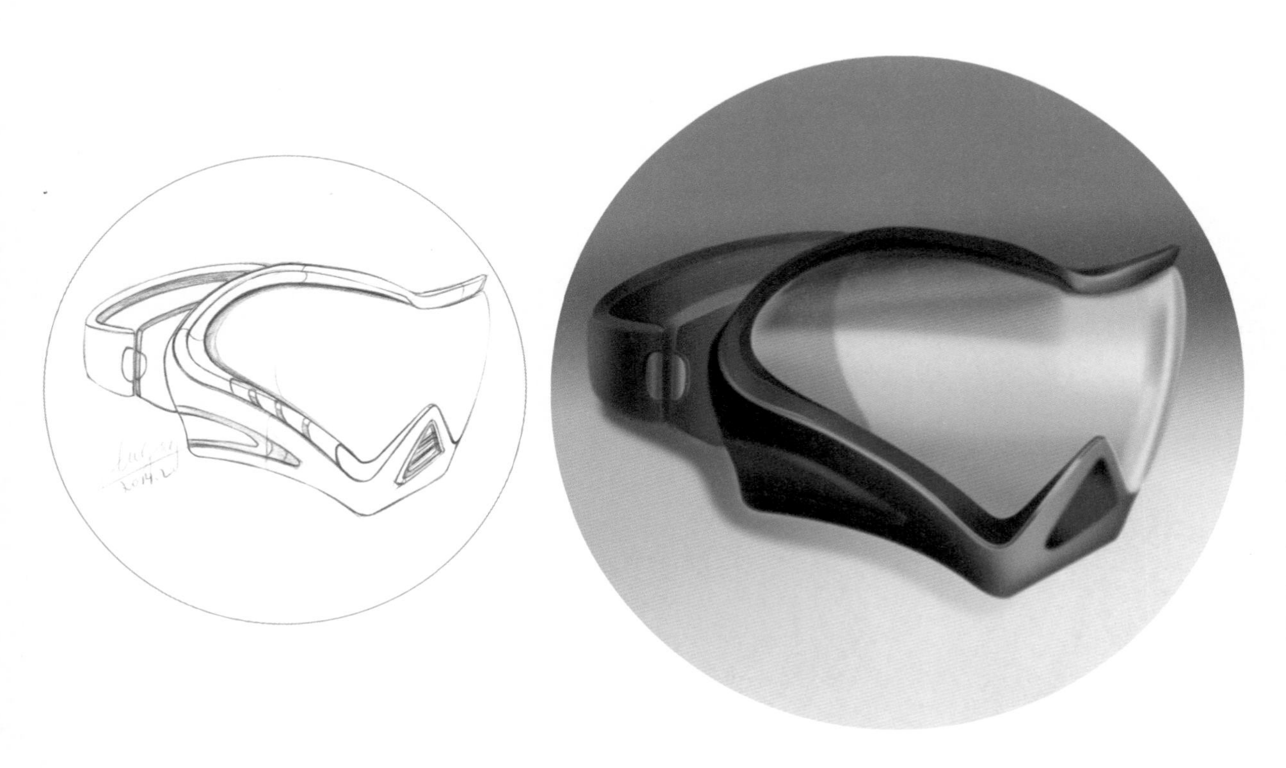

防风眼镜
Windproof glasses

Adobe Photoshop
软件着色

铅笔绘制设计的草图扫描之后使用 Adobe Photoshop 软件着色，以便更好地表现设计创意和理念。有一些设计创意还会被画得更加生动，用来加强表现效果。夸张的造型、线条有时候是一种表现设计基本理念非常有趣的方式。还要注意高光的运用，高光能有效地加强产品的立体感和吸引力。

Ps 上色步骤表达

概念眼镜创意设计
Glasses innovative design

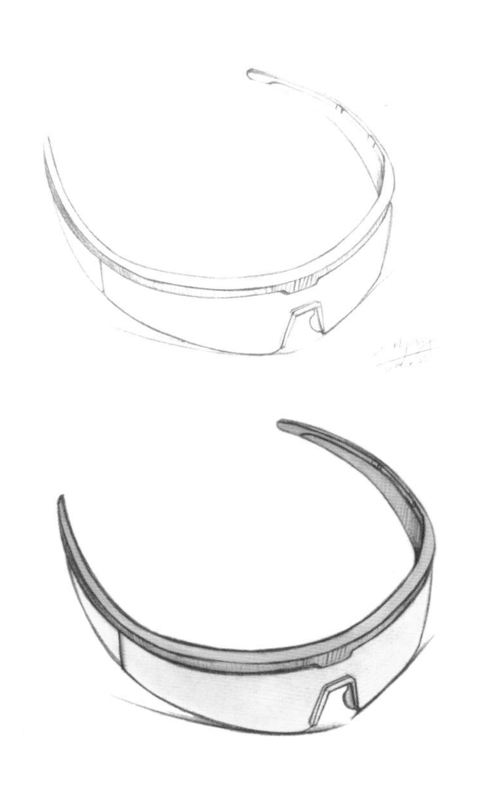

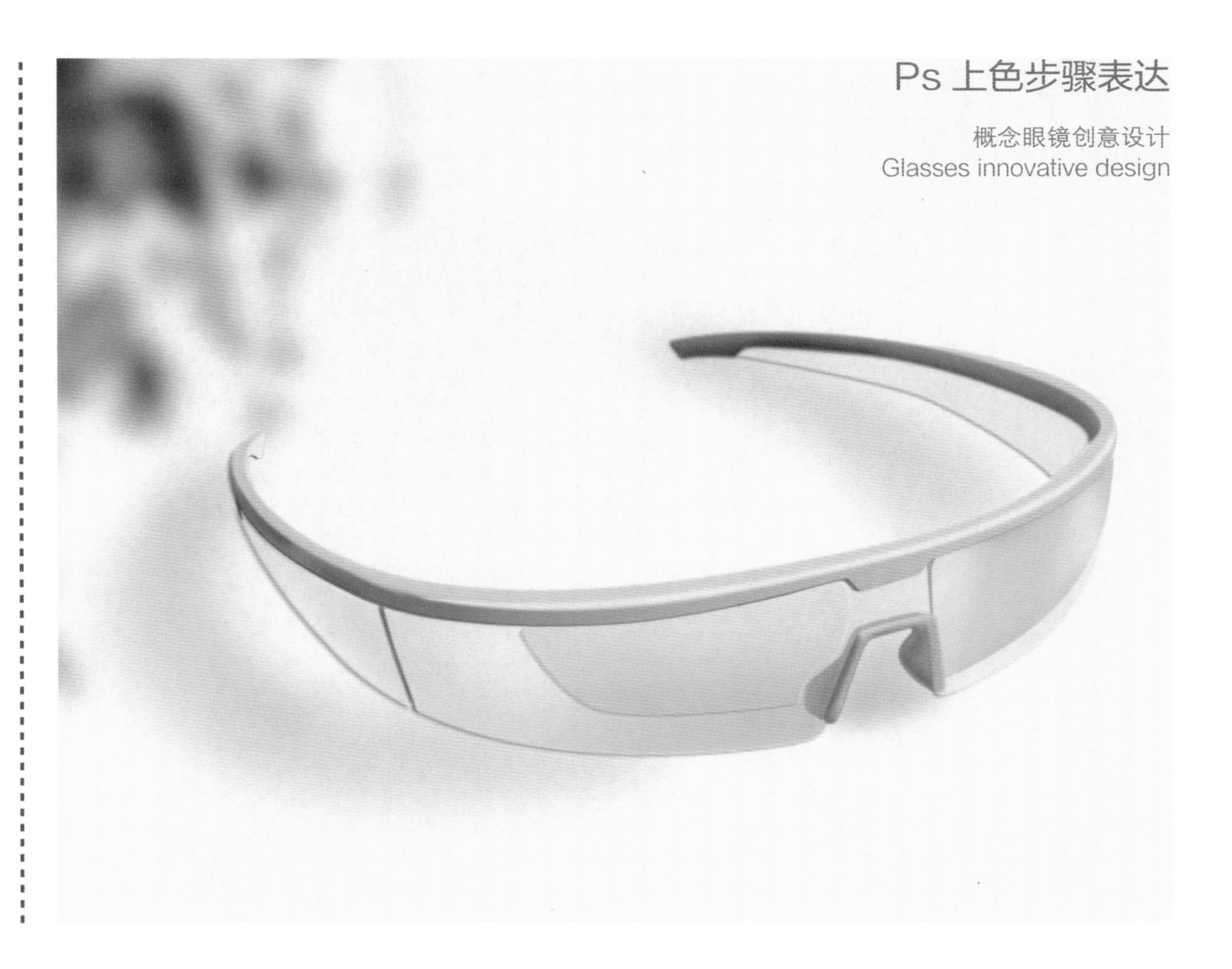

此产品汲取运动元素，在青春的跑道上，酣畅淋漓，为张扬的青春带来非凡的动能。

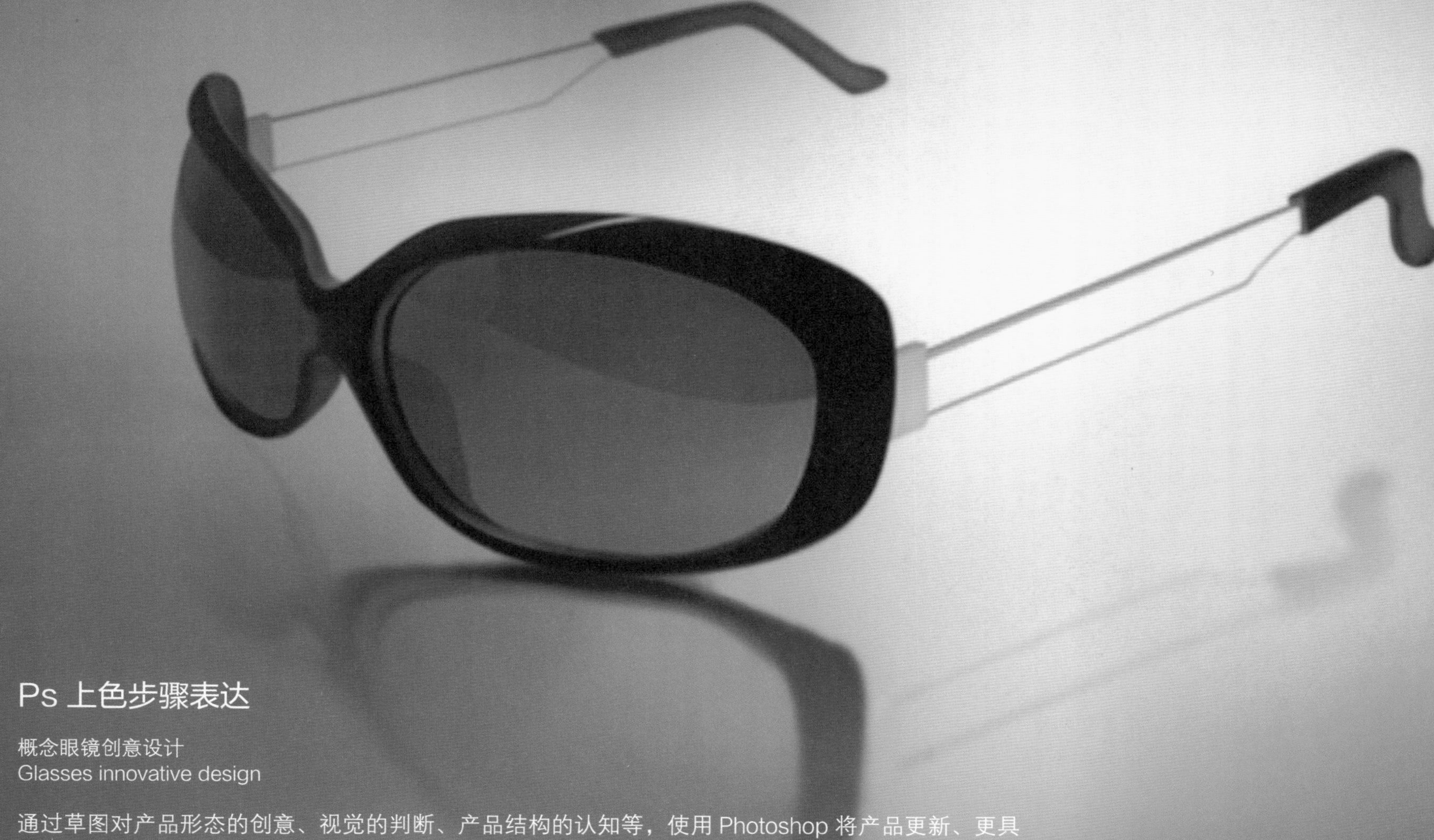

Ps 上色步骤表达

概念眼镜创意设计
Glasses innovative design

通过草图对产品形态的创意、视觉的判断、产品结构的认知等，使用 Photoshop 将产品更新、更具有视觉冲击力的效果表达出来。

Glasses Innovation design

概念眼镜设计表达线稿

概念眼镜创意设计
Glasses innovative design

Trapezoidal glasses
梯形眼镜

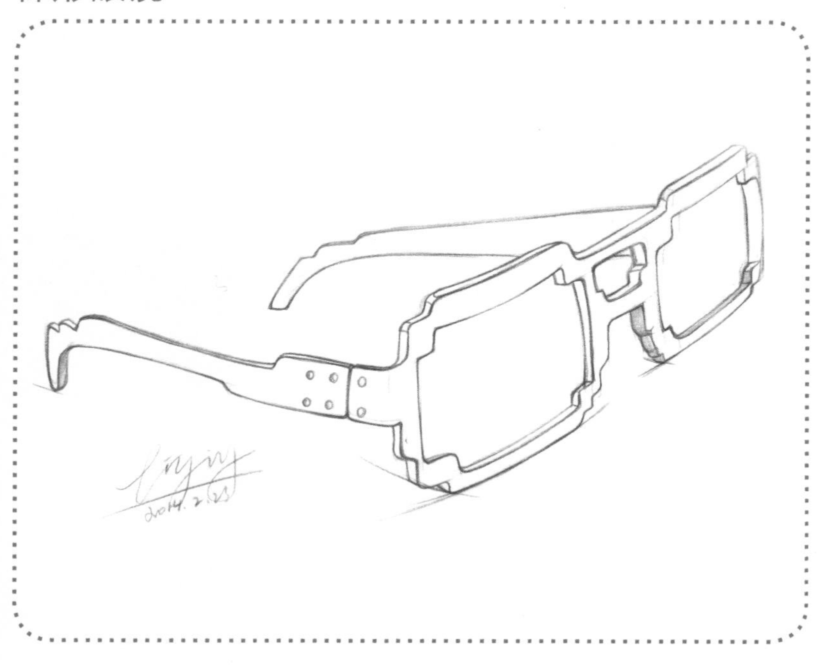

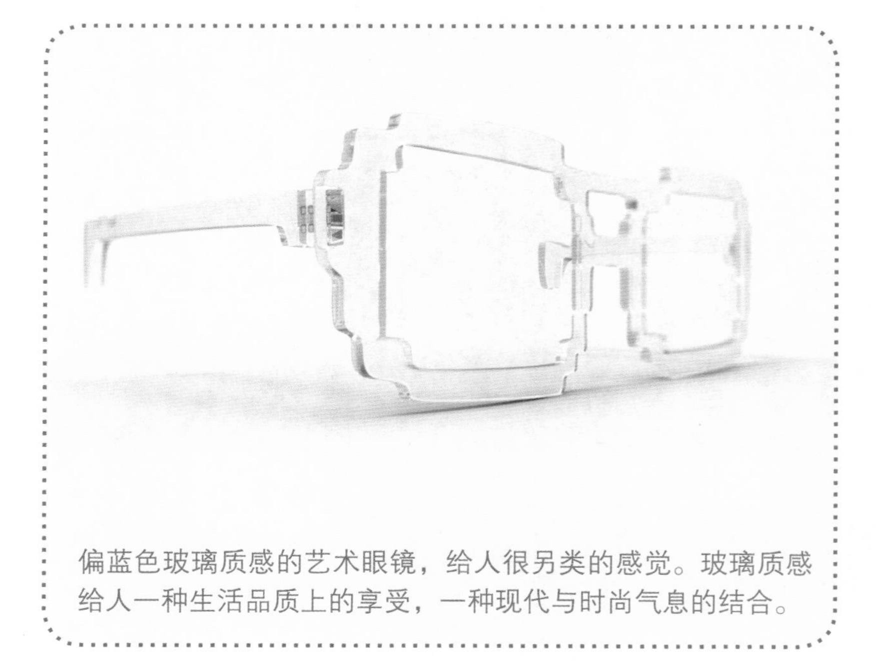

偏蓝色玻璃质感的艺术眼镜，给人很另类的感觉。玻璃质感给人一种生活品质上的享受，一种现代与时尚气息的结合。

概念眼镜设计表达渲染展示图

概念眼镜创意设计
Glasses innovative design

独特的眼镜框设计，看上去就像是 20 世纪 80 年代低分辨率显示器显示的图片。黄色的镜腿给人一种温暖且温馨的感觉，前后造型、色彩、材质的强烈对比，给人很强的视觉冲击力。

概念眼镜设计表达 3D 效果图

概念眼镜创意设计
Glasses innovative design

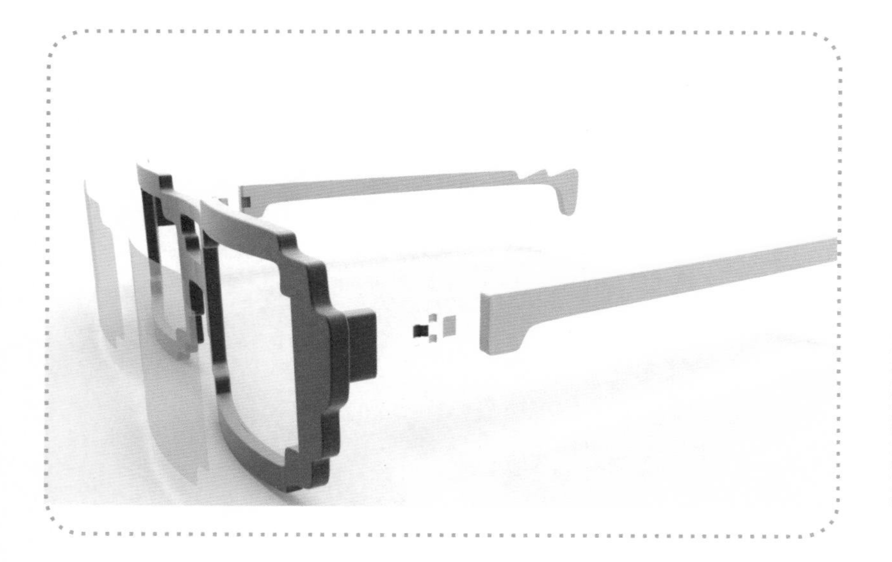

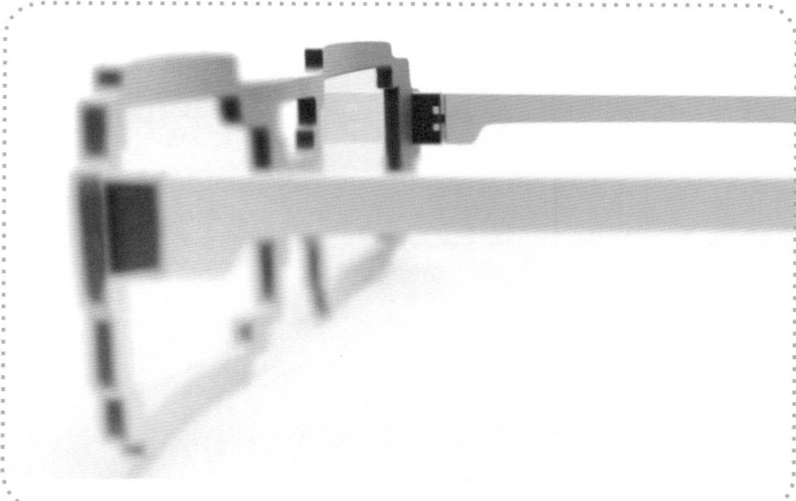

Modeling design

概念眼镜设计表达
场景渲染图

PHILIPS

PHILIPS PerformerPro 有尘袋吸尘器

案例六　吸尘器手绘表达

本章主要是通过对家用吸尘器的分析绘制出手绘图形，分别展示了产品原图的临摹、产品细节图形的表达、麦克笔上色图形以及吸尘器 Ps 二维上色的表达。

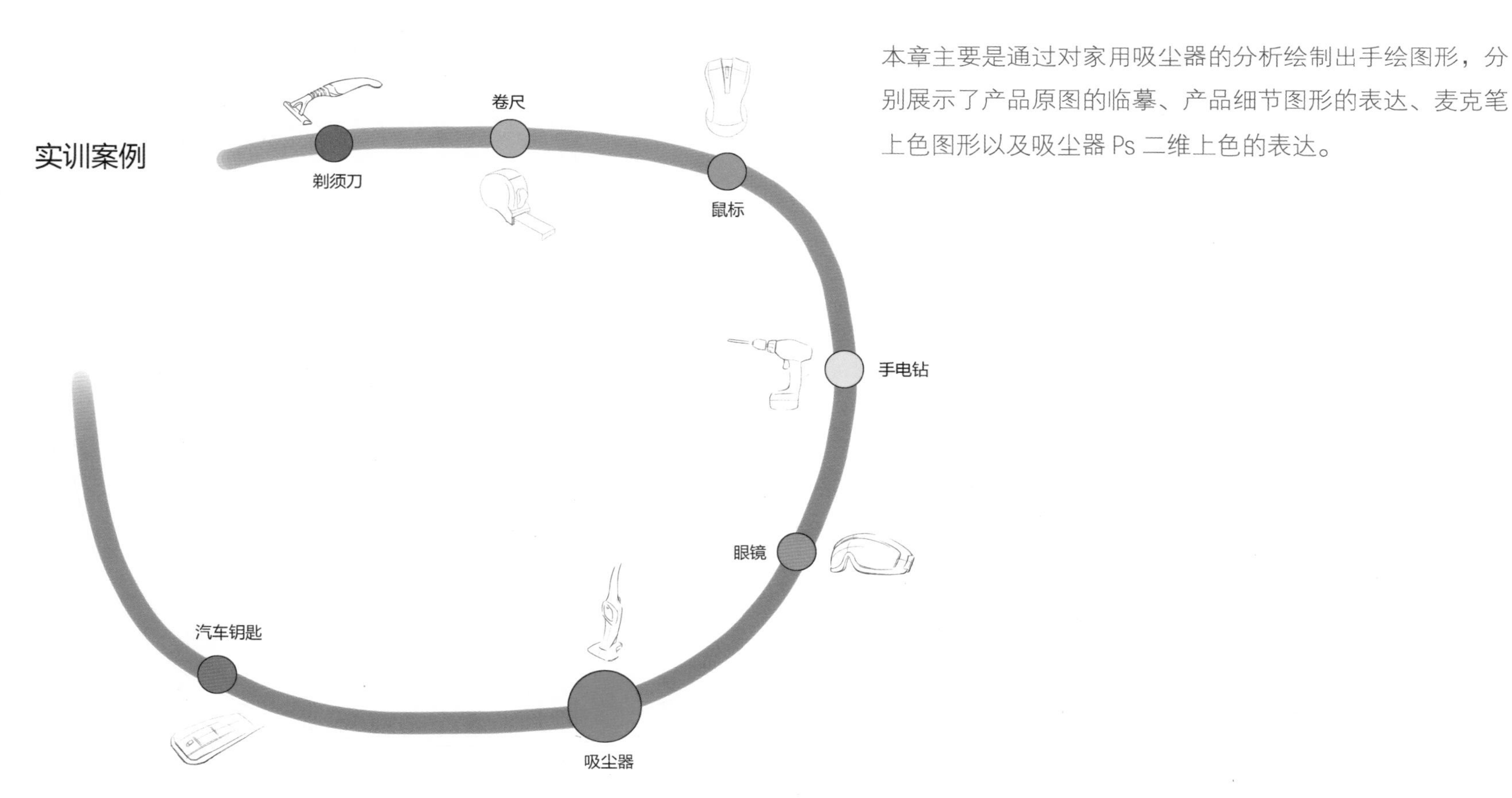

CARTOGRAPHICAL SKETCHING OF DUST COLLECTOR

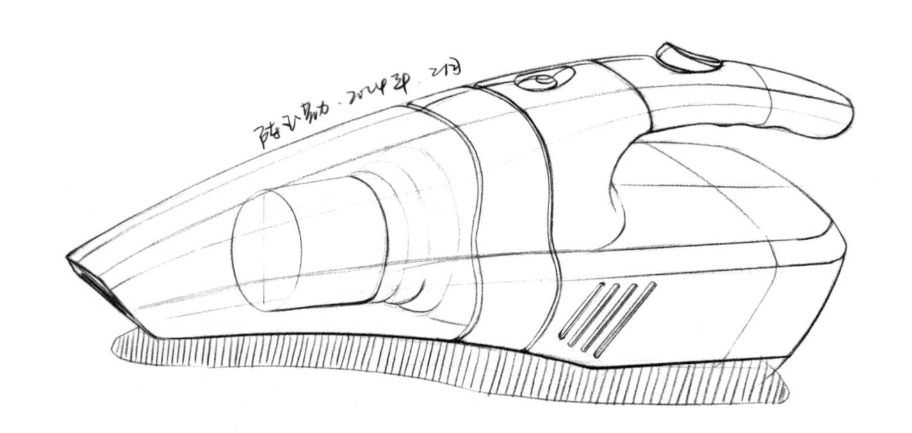

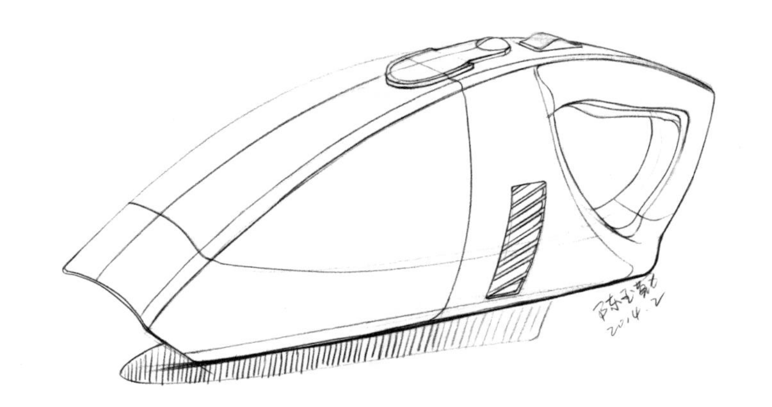

线条图

吸尘器手绘表达

Blowing machine Innovation Design

因考虑外轮廓的流畅性、结构的完整性，在绘制吸尘器时，喜爱干爽流畅线条，尽量不要让线条间断，不过在绘画后期改进中、老师指导的过程中，强调结构之间透视、插接、包裹等连接细节也要表达清楚。

Cartographical sketching of dust Collector
Designer:chen yuqin
Times:2014-3

线条图

吸尘器手绘表达

Blowing machine Innovation Design

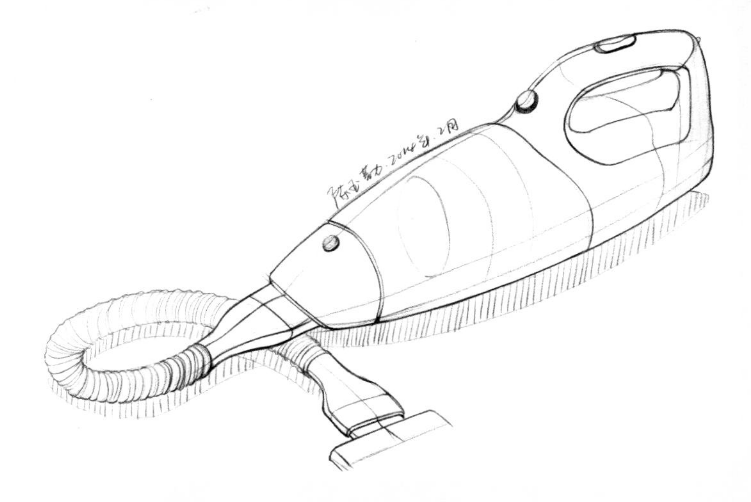

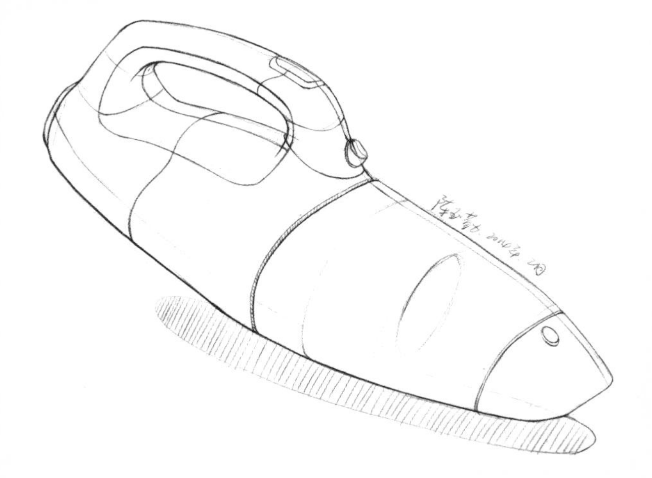

Cartographical sketching of dust Collector
designer :chen yuqin
Times:2014-3

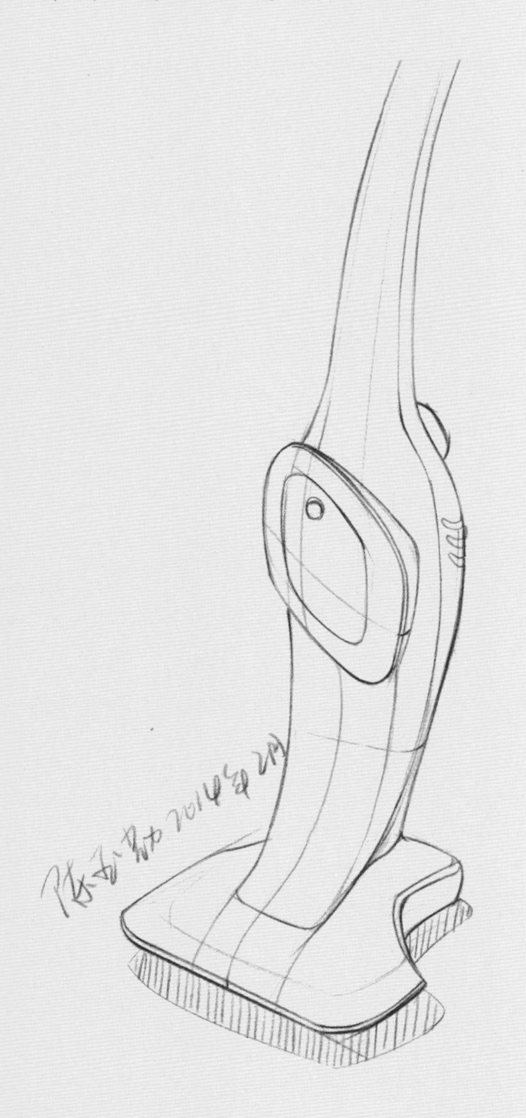

产品原图临摹

吸尘器手绘表达

Blowing machine Innovation Design

ROBOTIC-VACUUM

The intelligent robot vacuum cleaner first has a great breakthrough in the modeling,vertical space is not,Without the need for artificial hands, pay attention to smooth lines in the painting process, streamlined gives people a sense of science and technology.

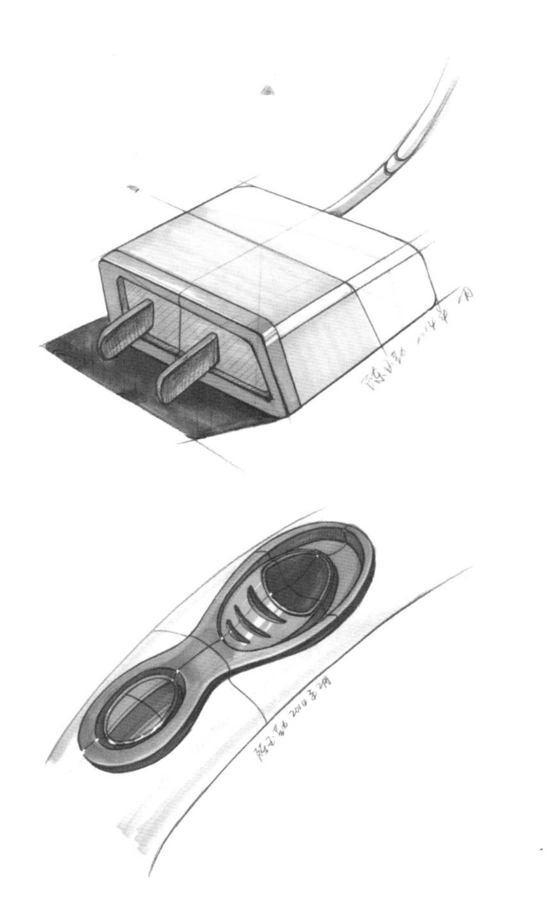

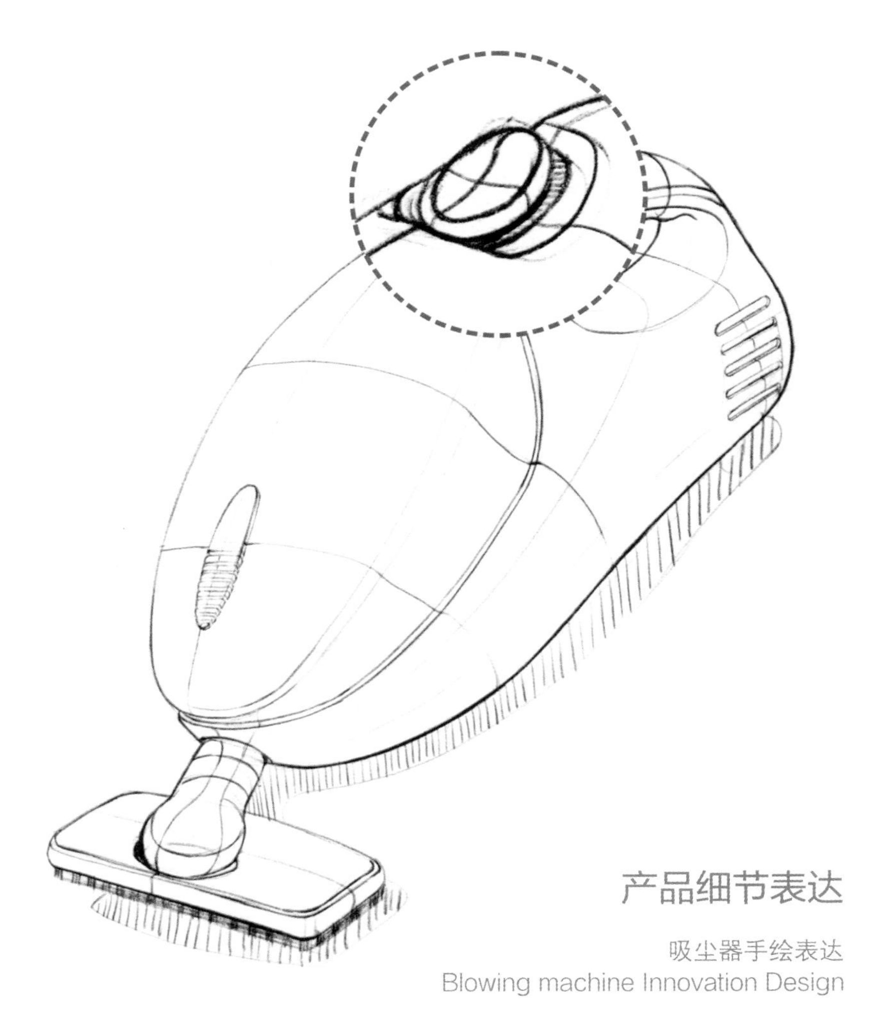

对于产品结构细节的刻画，往往比整体的描摹更为重要。因为放大化的细节会告诉我们产品的具体操作及使用方法。

产品细节表达

吸尘器手绘表达

Blowing machine Innovation Design

Cartographical sketching of dust Collector
designer :chen yuqin
Times:2014-3

PORTABLE VACUUM CLEANER

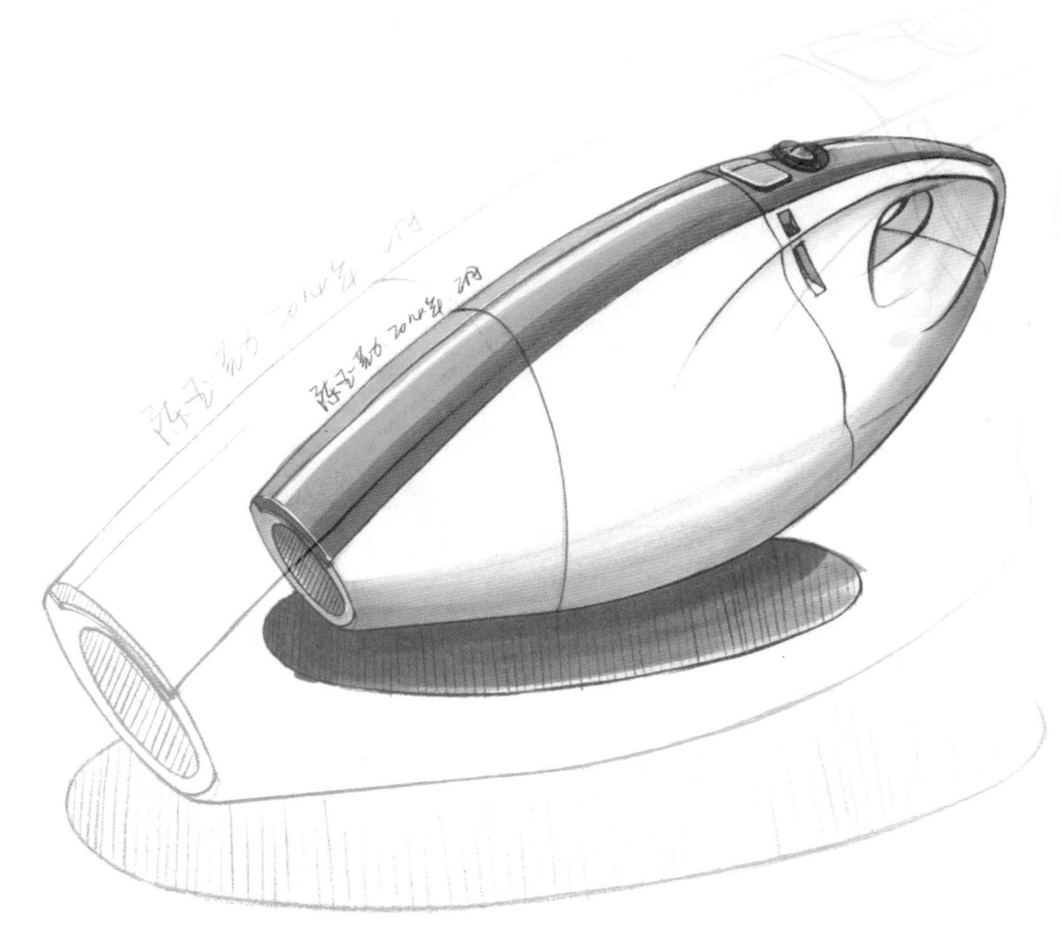

麦克笔上色

吸尘器手绘表达

Blowing machine Innovation Design

Cartographical sketching of dust Collector
designer :chen yuqin
Times:2014-3

麦克笔上色

吸尘器手绘表达

Blowing machine Innovation Design

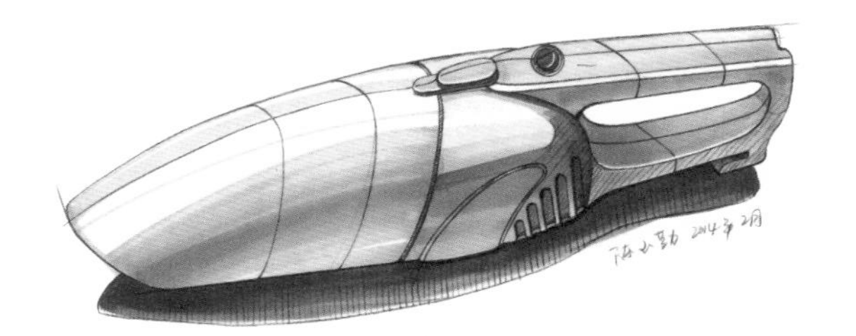

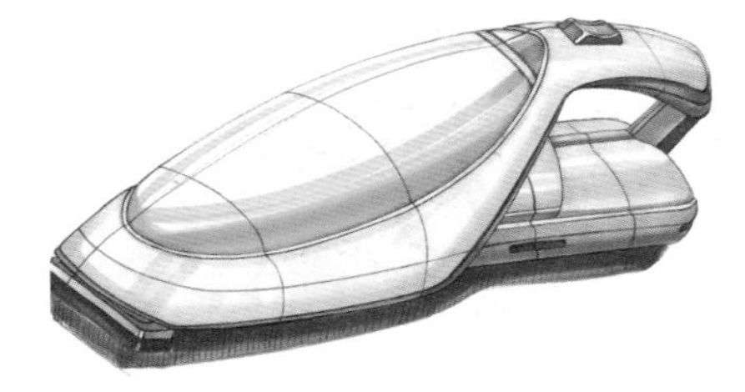

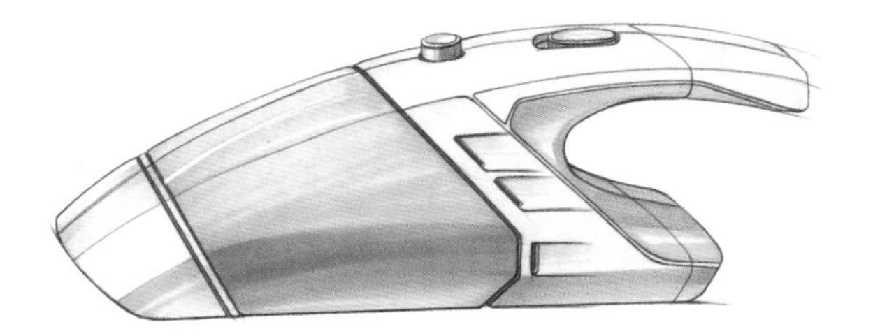

麦克笔上色

吸尘器手绘表达
Blowing machine Innovation Design

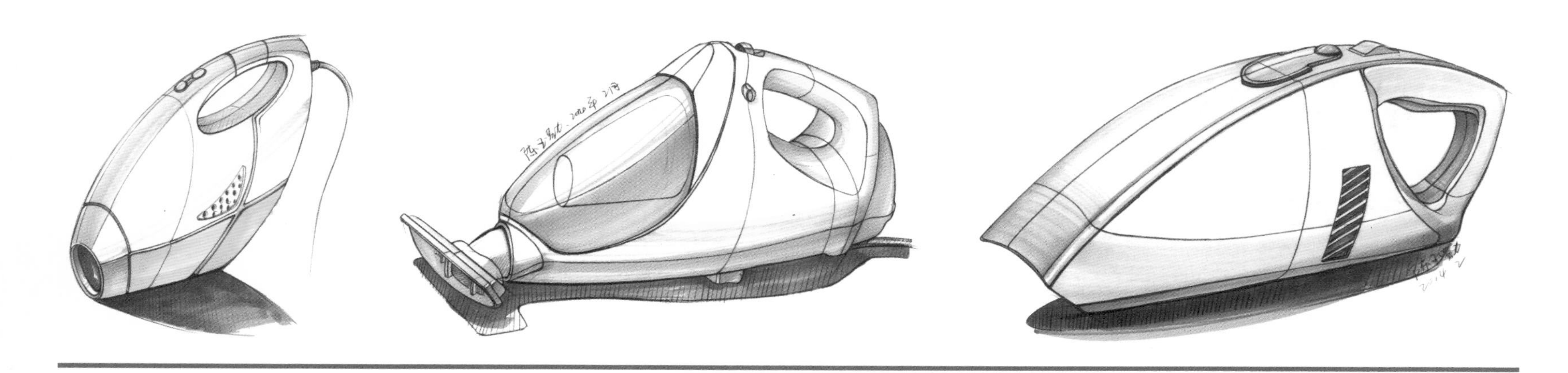

生命的消逝，本不会带走一粒尘埃。所以，一个人所有的拥有，其实都是用来“舍”的。如果你说我拥有整个世界，我想，我是拥有着整个世界，因为它在我心中。如果你说我不能拥有整个世界，那么，这个世界就不是我的，因为，我最终都不会带走这世上的一草一木。吸尘器就有着这样的人生哲学。

麦克笔上色

吸尘器手绘表达
Blowing machine Innovation Design

Cartographical sketching of dust Collector
designer :chen yuqin
Times:2014-3

清水吉治（Shimizu Yoshiharu）教授是日本工业设计师、工业设计教育学者、麦克笔手绘大师。清水吉治先生一直被世界工业设计界公认为设计表现的权威，他的作品更是世界高校工业设计专业学生临摹的范本。他的作品非常精湛，我们无论怎样模仿这位崇敬的大师，都无法绘出像他的作品那样优秀的作品来。

Ps 上色

吸尘器手绘表达
Blowing machine Innovation Design

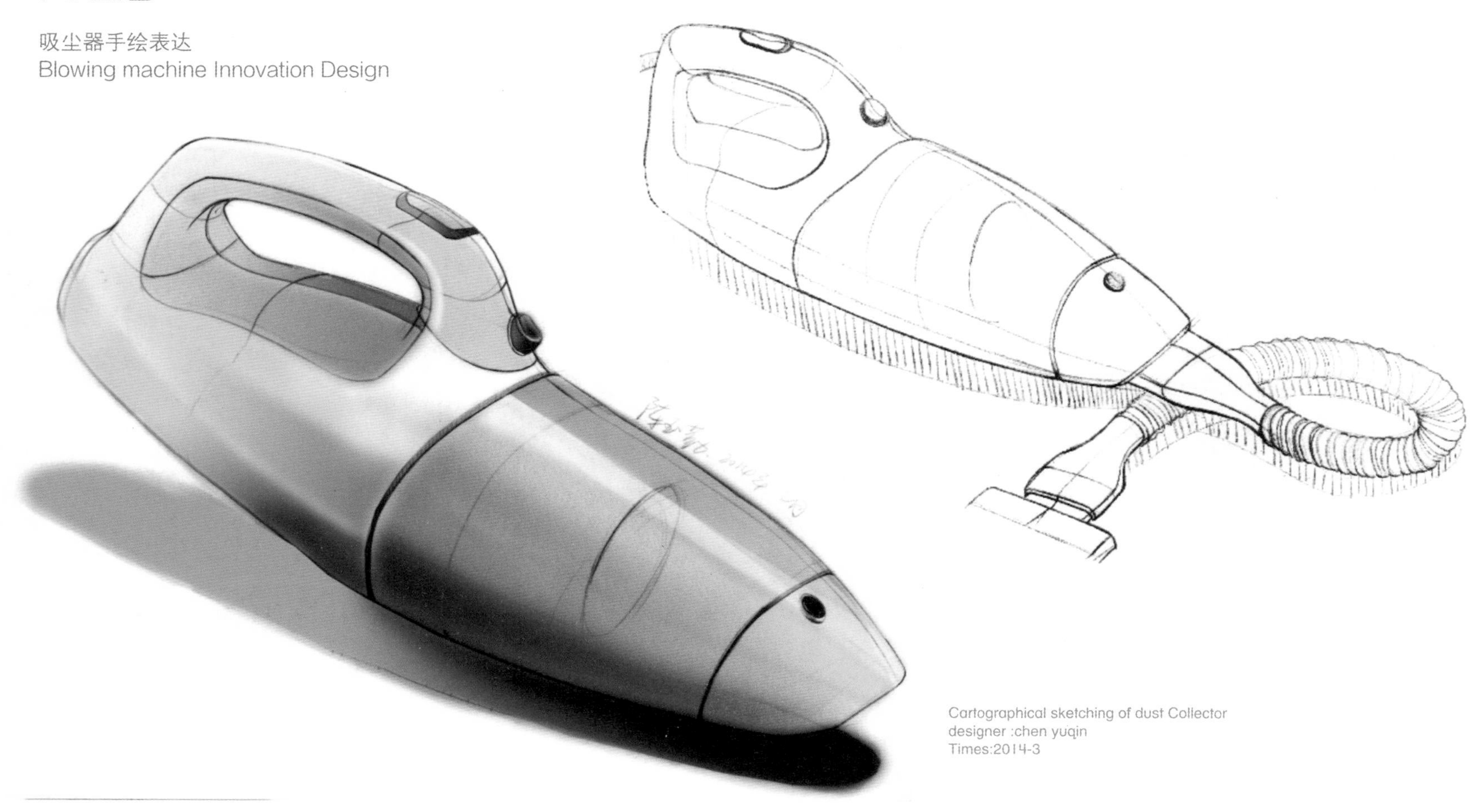

Cartographical sketching of dust Collector
designer :chen yuqin
Times:2014-3

吸尘器会因不同的场景在造型和功能上稍有不同，如车用、家用、工厂使用等。

Ps 上色

吸尘器手绘表达
Blowing machine Innovation Design

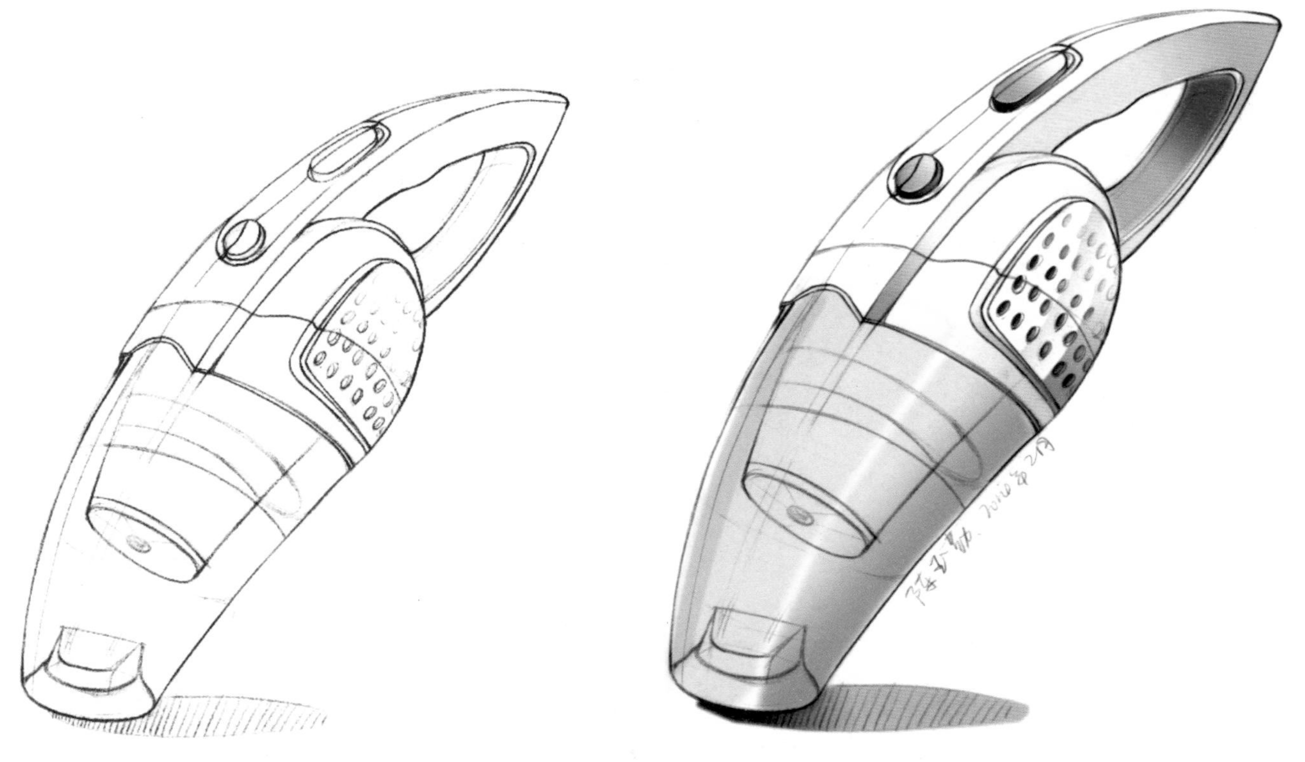

绘画此款吸尘器时，应注意其众多密集的通风孔。对于诸如此类的“孔”或“点”的绘画，一定要注意对产品结构的依顺关系，要随着产品本身的弯曲或起伏有所变化，并符合近大远小、近实远虚的透视关系。

CAR KEYS

案例七　汽车钥匙设计表达与创新设计

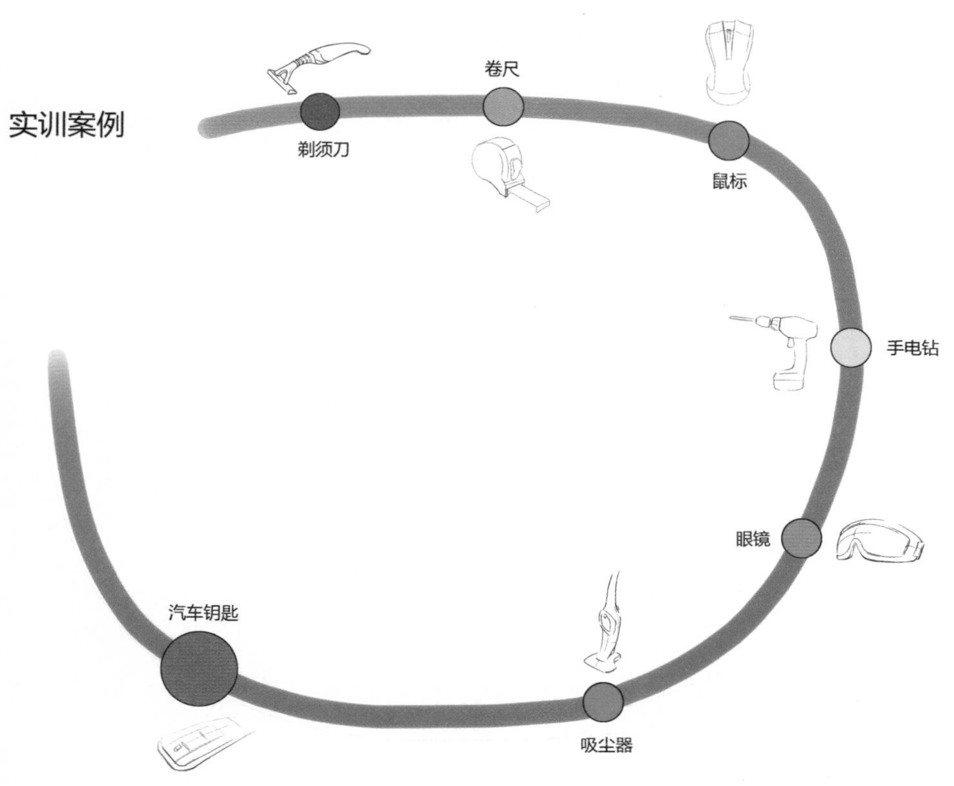

从不同角度看设计，许多人固执地相信真理只有一个。其实对于设计，每个人都有不同的诠释，就像每个人都有着自己独一无二的指纹一样，我们都要站在另一个角度、另一个立场去看待它。

本章除了对产品原图的临摹表达之外，主要讲解产品3D实体数据模型渲染的方法。

从哪里开始设计

汽车钥匙设计表达与创新设计
Car Key innovation design

Begin of Design

Good design from what time to start?
Some people say that design is start from scratch,
Some people think design is started from an idea,
In fact, every second is the beginning of design.

好的设计是从什么时候开始？
也许有人说设计是从草图开始，
也有人认为设计是从一个想法开始，
其实每一秒都是设计的开始。

产品原图临摹

汽车钥匙设计表达与创新设计
Car key innovation design

Having a unique style

Texture and shape is a pleasure

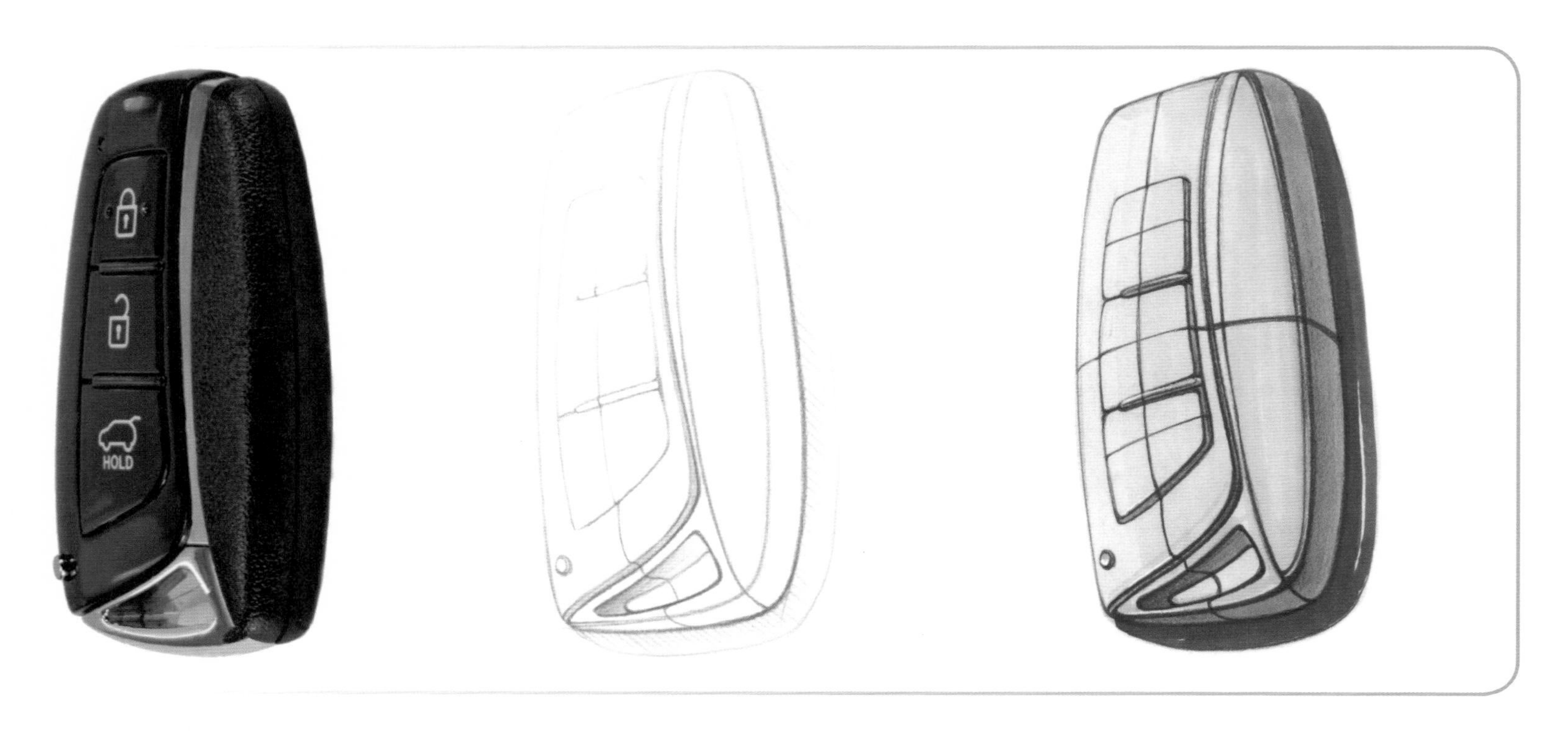

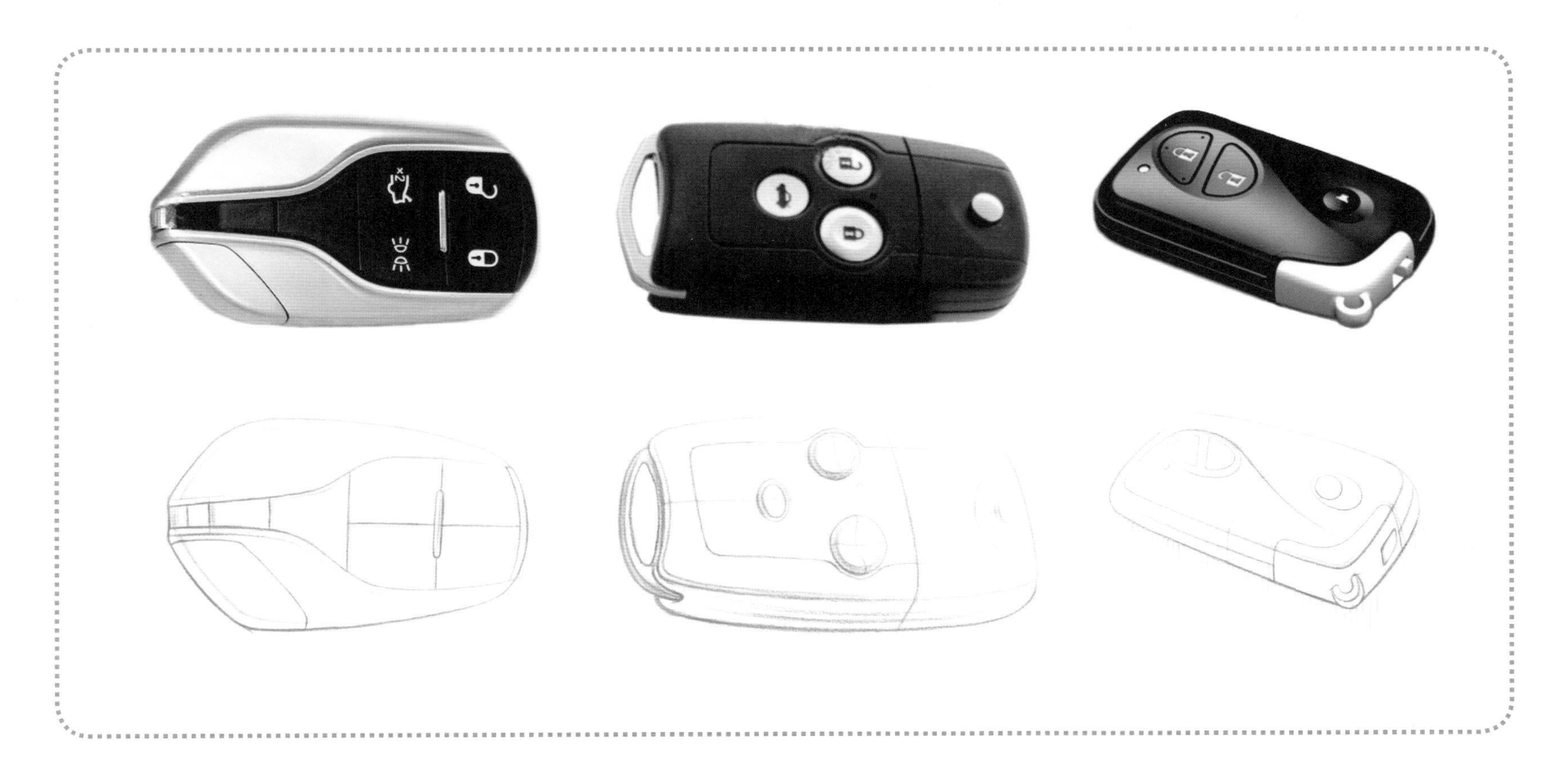

产品原图临摹 Details of the performance

汽车钥匙设计表达与创新设计
Car key innovation design

在产品造型中，会常常遇到所画的效果很空，形成不真实的效果，这些都是由于缺乏细节所致。再简单的形体也是有它的细节表现的。对产品造型理解得透彻，表现产品的细节就显得胸有成竹了。

产品原图临摹

汽车钥匙设计表达与创新设计
Car key innovation design

Audi car keys

Black and silver gives a sense of technology

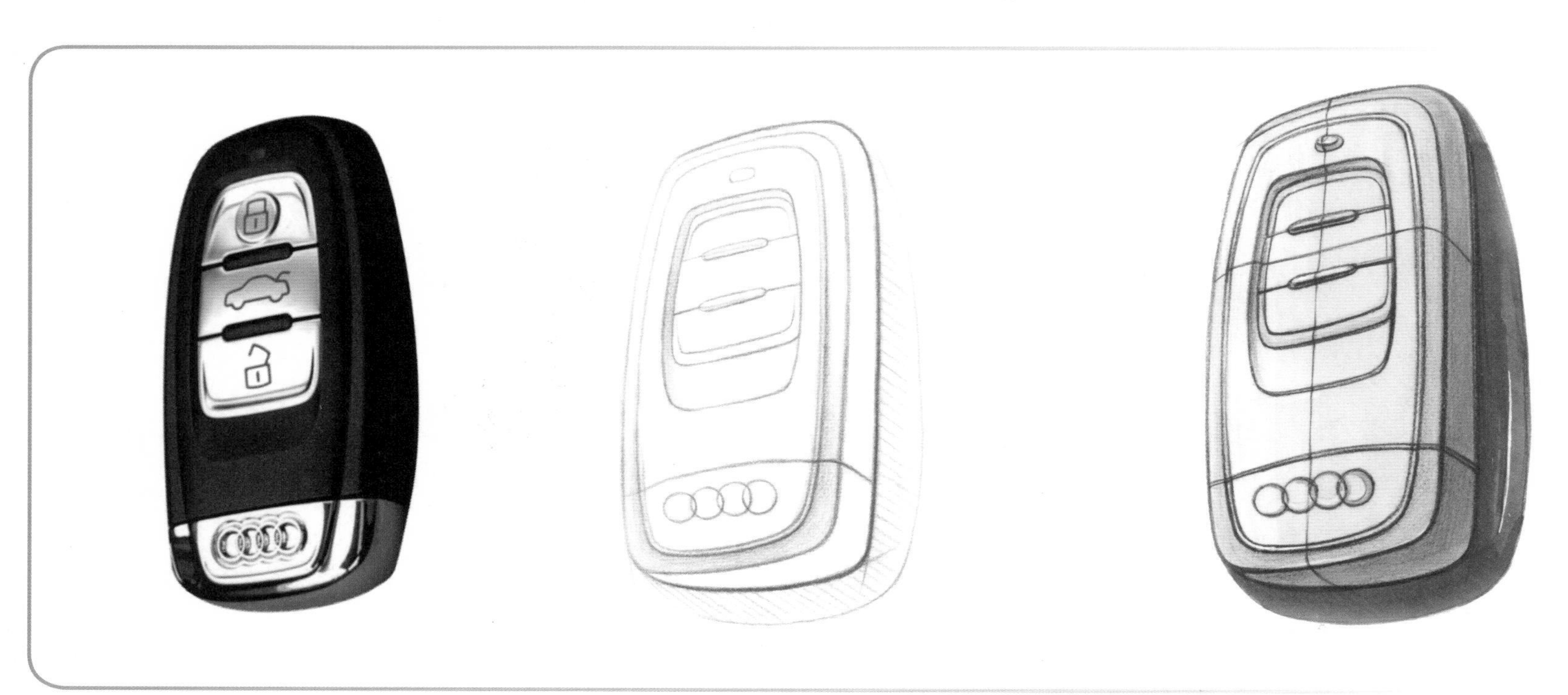

产品原图临摹

汽车钥匙设计表达与创新设计
Car key innovation design

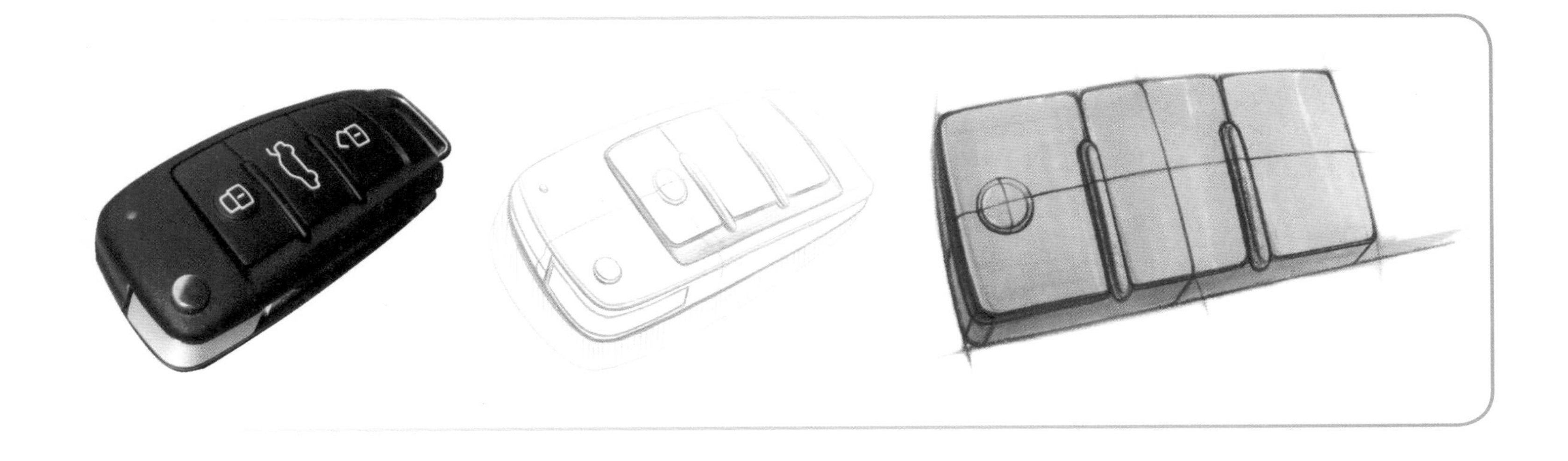

Layering

在塑造形体时，可以把一个完整的形体分解成小的形体，并对小形体进行深入的表现，使画面更具有层次感。

线稿与麦克笔上色

汽车钥匙设计表达与创新设计
Car key innovation design

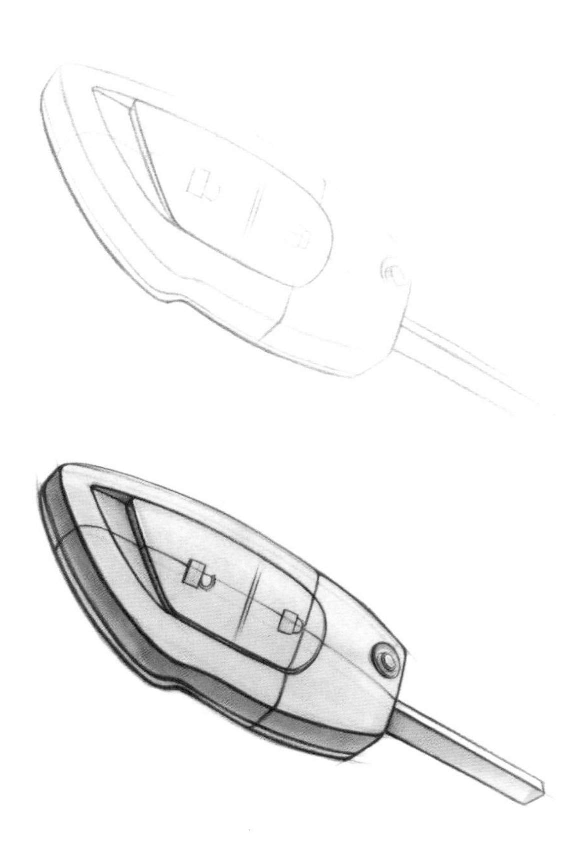

Designer :Li hao dong
Times:2014-4

Analysis and research

当我们有了一个好的想法，在进行下一步设计的时候常常会不知所措，对将要设计的产品缺乏了解和研究，所以会不知道怎么进行下去。这时候我们需要认真并系统地去分析它，才能理清头绪，知道从何处着手。

线稿与麦克笔上色

汽车钥匙设计表达与创新设计
Car key innovation design

Personality and taste

很多人都对汽车设计感兴趣，而汽车设计是一个系统而又复杂的工程，如果对汽车设计感兴趣不妨从汽车某个部分开始设计。车钥匙给人的第一感觉很重要，它能体现车主的个性和品位。

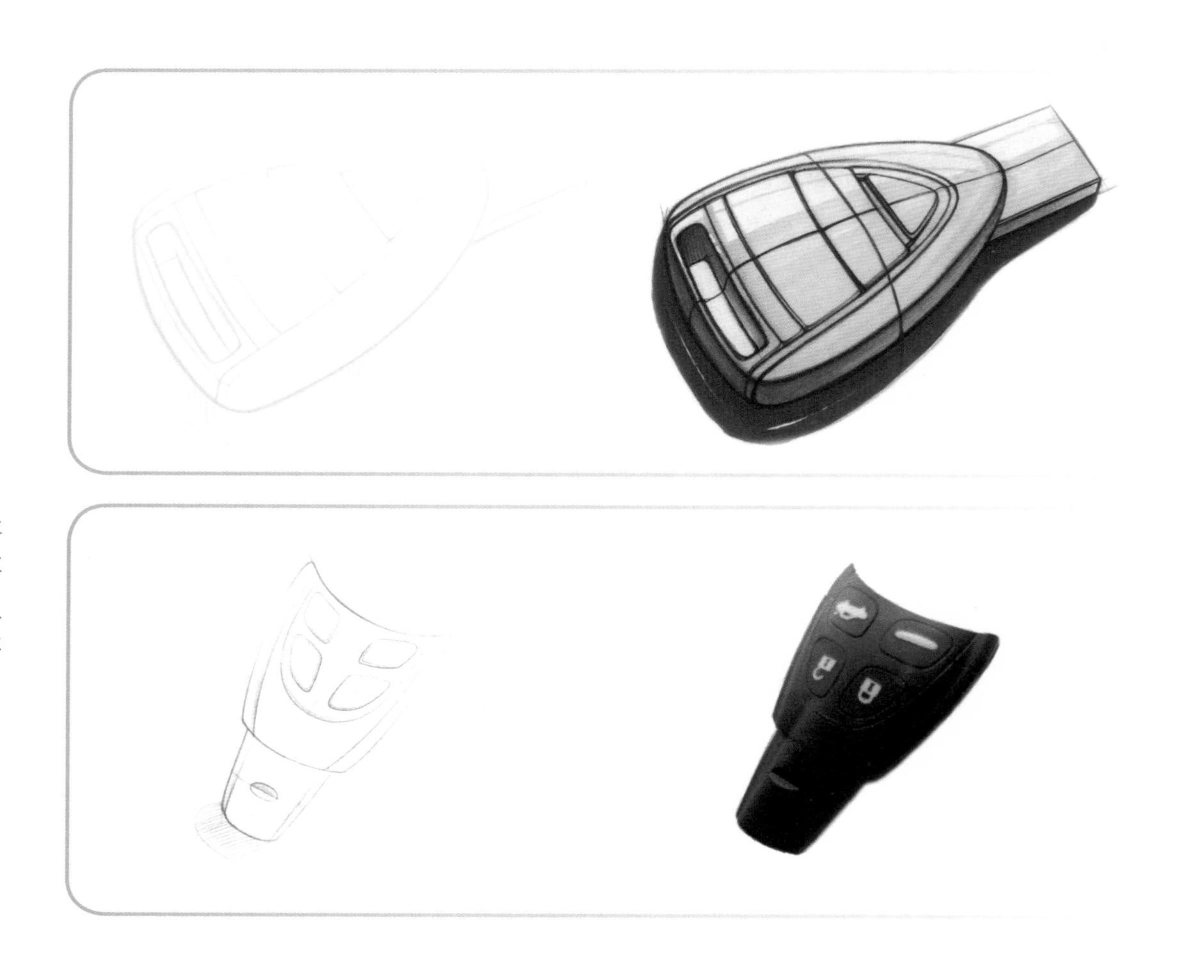

线稿与麦克笔上色

汽车钥匙设计表达与创新设计
Car key innovation design

Line performance

任何一条单一的线条不仅仅是存在于一张纸上，而是存在于它所要表现的三维产品中，这样不管是从哪个角度来看这条线都是真实存在的。

线稿与麦克笔上色

汽车钥匙设计表达与创新设计
Car key innovation design

Arts and texture

在产品设计中，如何去表现产品表面的纹理和质感很重要，不同的质感会让人联想出不同的情景，会有不同的情感表现。

使用状态

汽车钥匙设计表达与创新设计
Car key innovation design

Add Scene

在临摹产品的时候，添加一些使用场景进去，通过还原使用产品时的一个场景，能让我们发现新的设计点。

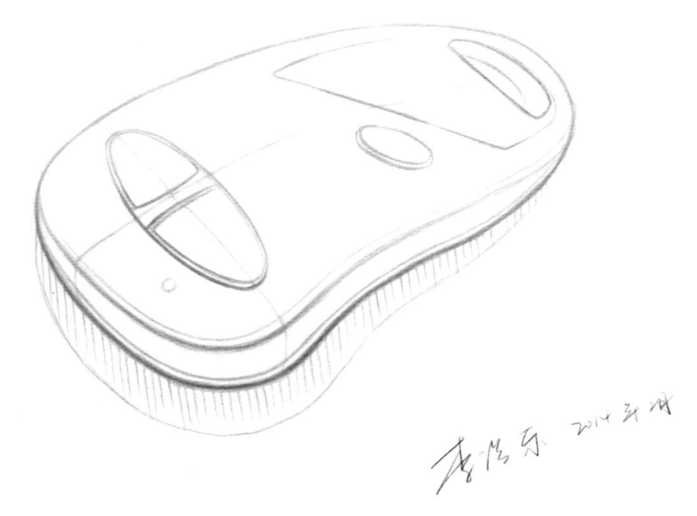

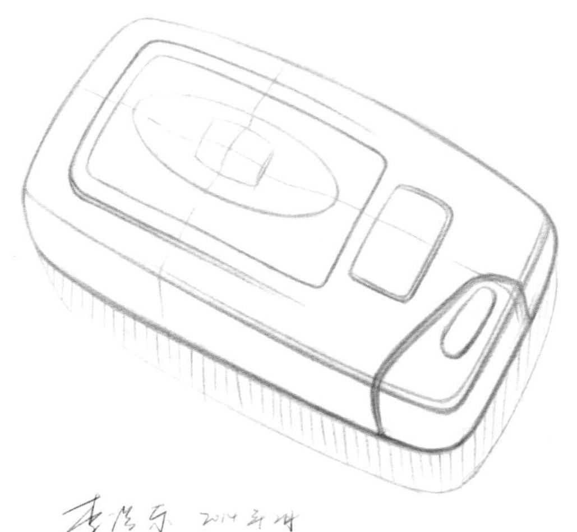

二维形态发想

汽车钥匙设计表达与创新设计
Car key innovation design

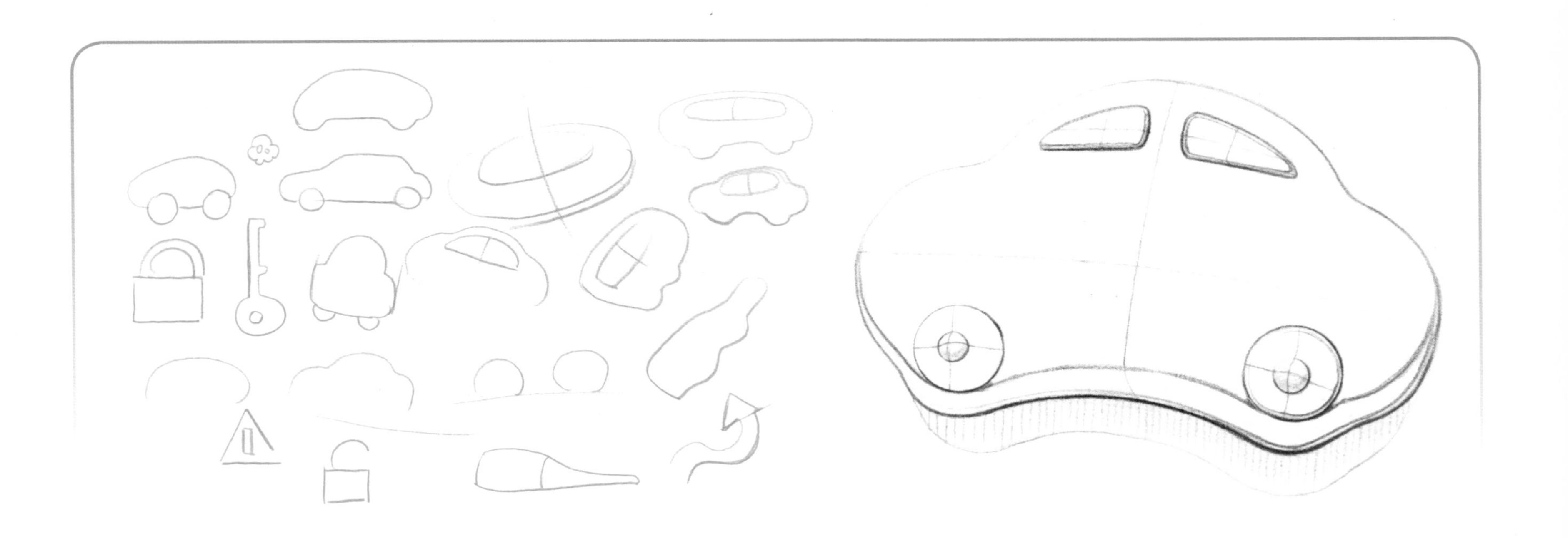

Car keys creation

每个产品都应该是具有个性的，而不是单一的形体，这些个性化的元素也许就是产品本身。

二维形态发想

汽车钥匙设计表达与创新设计
Car key innovation design

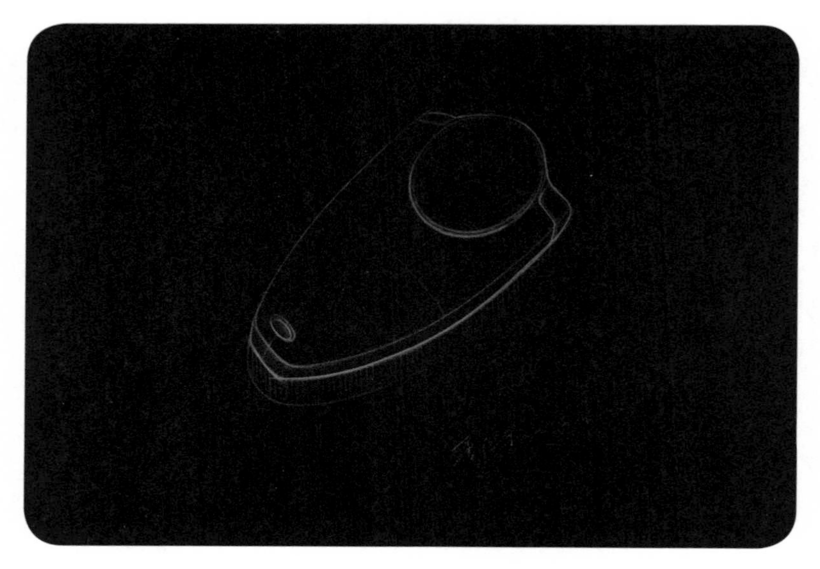

Modeling associated with

在临摹完汽车钥匙之后，我们已经对现有的汽车钥匙有了一个详细的了解。现有的汽车钥匙在设计上基于品牌不同，而有不同的造型。这些造型跟汽车有着很大的关联。

汽车钥匙形体表现

汽车钥匙设计表达与创新设计
Car key innovation design

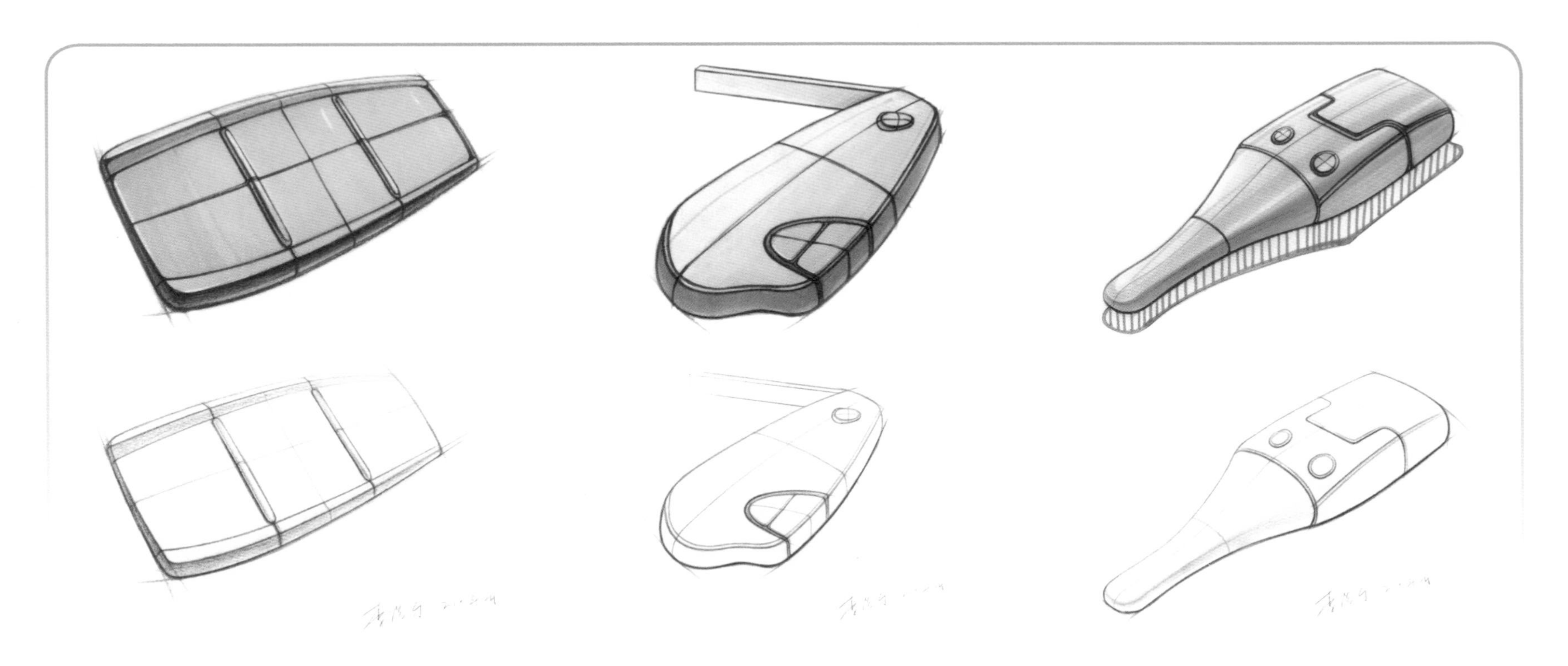

汽车钥匙形体表现

在创作的过程中可以加入更多的主观因素，避免被常规的因素所束缚，让自己的想法都尽情地在纸上表现，再从中去择优选择。

汽车钥匙形体表现

汽车钥匙的造型有很多种风格，但不管多复杂的造型都是由一个个简单的曲面或形体组成的，把它们细分成单个形体，再去分析它们的造型，塑造这些形体就变得很简单。

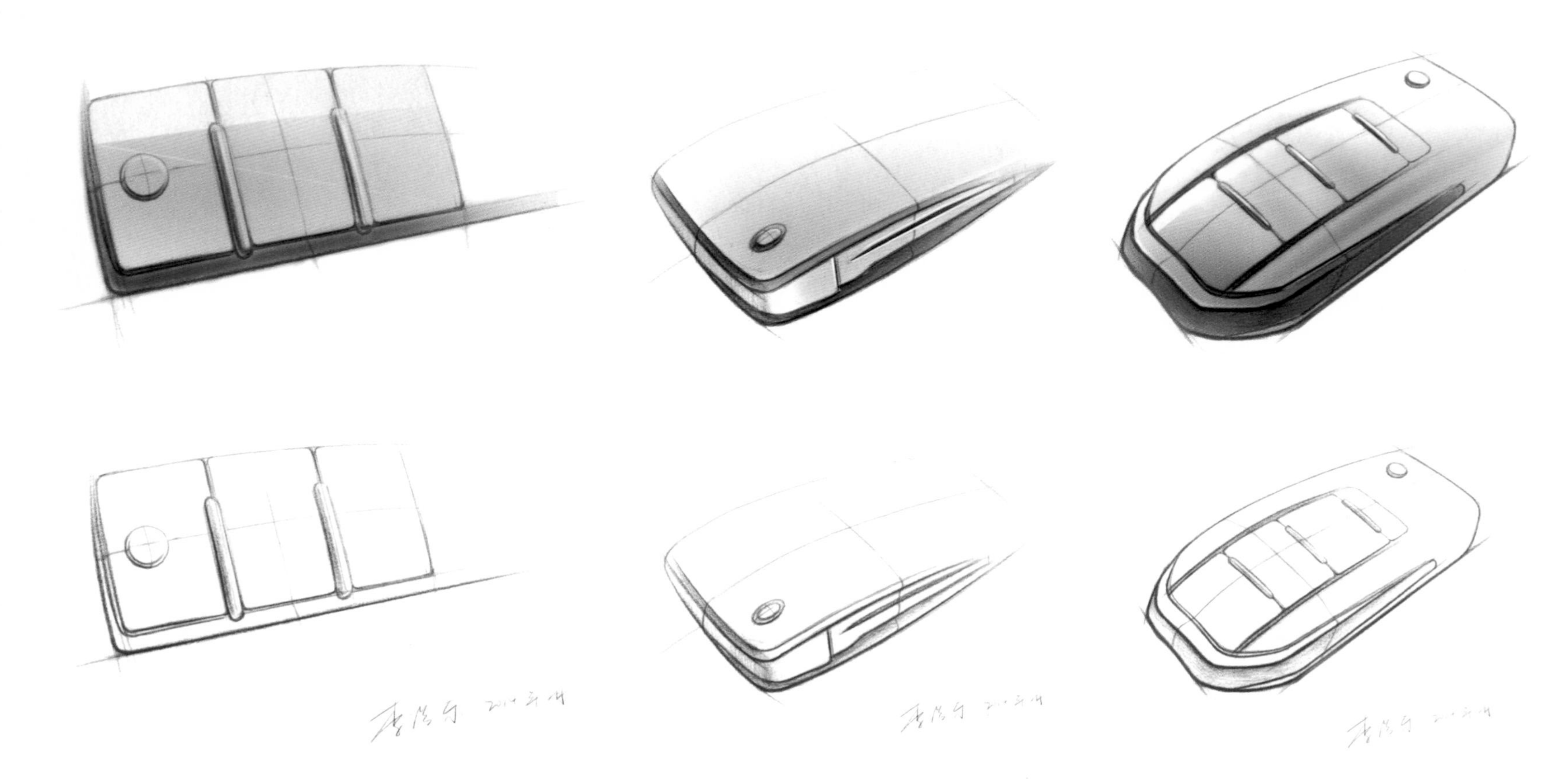

Ps 二维上色

汽车钥匙设计表达与创新设计
Car key innovation design

用电脑绘制效果图时，首先要确定需要上色钥匙的线稿，然后和绘画一样从暗到亮开始表现。

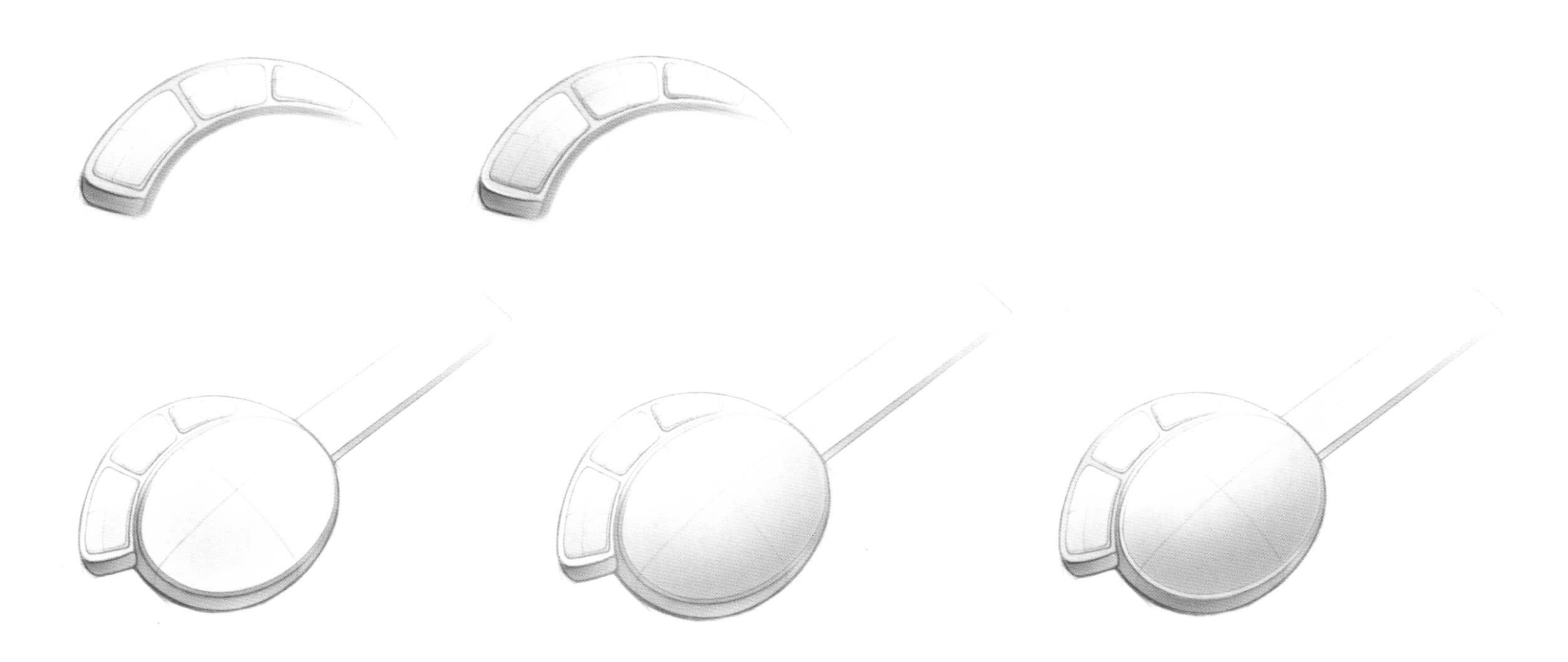

产品设计渲染要诀，就是

[意]

从此衍生出的渲染四大要素

「构图」

「材质」

「色彩」

「灯光」

产品渲染中的构图

汽车钥匙设计表达与创新设计
Car key innovation design

产品渲染中的构图、材质（包括色彩）、灯光组成了渲染的最后图像，其中构图是产品渲染的第一步。通过分析产品的造型，来确定产品如何构图。这张图运用了摄影中的三分法来构图，分为前景、中景（产品）和背景，另外两边的产品突出了中间产品的视觉重点，让图像有相应的层次感。

材质

汽车钥匙设计表达与创新设计
Car key innovation design

Material

金属的表面给人以细腻、高贵、光洁的感受，从而愉悦人的心灵。银色金属和黑色材质搭配比较多，突出科技感。

布料表面较为粗糙的触感给人以朴实、自然、亲切、温暖的感觉富有人情味。

木头和石头等传统材质，总会使人联想起一些古典的东西，产生一种朴实、自然、典雅的感觉。

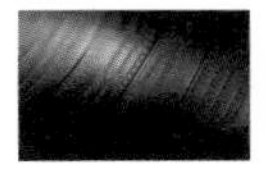

橡胶和皮革一样，同为软面材质，但是它比皮革更耐磨，因此它的应用范围也很广。

皮革在产品设计中运用很广，一般为软面材质，表面具有自然纹理，使产品看起来比较高雅。

玻璃材质给人的感觉是，整齐、光洁、锋利，给人的感觉是冰冷。

金属漆是在油漆中加入了金属颗粒，一般在汽车中运用比较多。

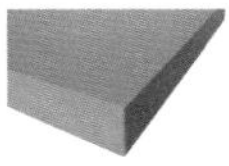

塑料材质是在工业产品中应用最广泛的材料之一，它既有一定强度也有一定的韧性。

产品渲染中材质对比效果

汽车钥匙设计表达与创新设计
Car key innovation design

材料本身的感觉特性以及材料经过表面处理之后所产生的心理感受构成了材料的表情特征。它们给产品注入了情感，就像镶在产品上的“微笑”，启示着人类将其纳入相应的表情氛围与情感环境中。材料的感觉是由视觉感和触觉感组成的。

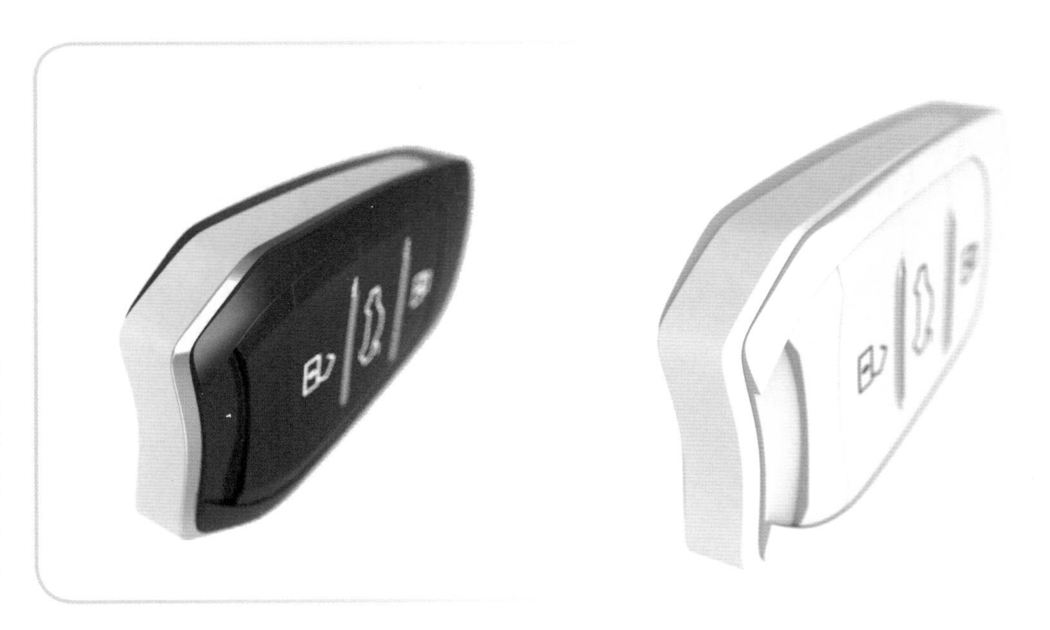

产品渲染中配色对比效果

汽车钥匙设计表达与创新设计
Car key innovation design

在产品的配色中，产品的使用环境、产品的功能，这些因素都要考虑进去。白色有很强的感染力，它能够突出产品的纯洁、柔和、安静等产品性格特征。黑色也有很强大的感染力，它能够表现出特有的高贵和严肃感。黑色和银色金属搭配凸显产品的现代感。不同的色彩搭配，能够带给使用者不同的视觉感受。

产品渲染中灯光对比效果

汽车钥匙设计表达与创新设计
Car key innovation design

当赋予产品材质之后，剩下的工作就是布光了。如果一个产品没有灯光，也就谈不上产品的视觉艺术效果。在图像中，一般有一个主光和多个辅助光，借助主光的照射，来改变物体的造型和结构，保证图像的可视性。产品的细节、质感的表现，是由主光和辅助光共同完成的，通过调节灯光的光量、角度和硬度来实现。下图是通过不同的灯光，达到不同的渲染效果。

产品渲染中景深对比效果

汽车钥匙设计表达与创新设计
Car key innovation design

在产品的商业摄影中，经常会用到景深效果，以突出产品的某个局部，虚化的部分起到衬托作用。图像的景深和摄像机景深原理相同，主要是由光圈、焦距和物距来决定的。光圈越大，景深越小；光圈越小，景深越大。焦距越大，景深越小，反之景深越大。渲染景深时如有毛糙，需提高采样值。

参考文献：

1. 邓荣 . 产品设计表达 . 武汉：武汉理工大学出版社，2009.
2. [美] 埃伦・勒普顿 . 设计，三步成师 . 北京：电子工业出版社，2012.
3. 胡雨霞，梁朝昆 . 再现设计构想 . 北京：北京理工大学出版社，2006.
4. 李和森，蔡霞 . 产品设计快速表达篇 . 武汉：湖北美术出版社，2011.
5. [英] 提摩西・欧・唐纳尔 . 窥探大师的草图本 . 上海：上海人民美术出版社，2012.
6. [美] 斯科特・多尔利，斯科特・维法特 . 别再羡慕谷歌 . 北京：电子工业出版社，2014.
7. [荷] 库斯・艾森，罗丝琳・斯特尔 . 产品手绘与创意表达 . 北京：中国青年出版社，2012.
8. 曹学会，袁和法，秦吉安 . 产品设计草图与麦克笔技法 . 北京：中国纺织出版社，2007.

手绘网站推荐：
中国设计手绘技能网：http://www.designsketchskill.com/
产品设计手绘：http://www.designsketchskill.com/product_sketch/
工业设计手绘网：http://www.idshouhui.com/
绘吧：http://www.huibr.com/forum-38-1.html
产品设计创意网站：
台湾波酷网：http://www.boco.com.tw/
专利之家：http://www.patent-cn.com/
美国工业设计网站：http://www.core77.com/